信息技术人才培养系列教材

Java 程序设计入门与实战 微课版

粤嵌教育教材研发中心◎策划
张毅恒 陈志凌◎主编
叶文强 郑志材 张国明 李纲 陈清雨◎副主编

人民邮电出版社
北京

图书在版编目（CIP）数据

Java程序设计入门与实战：微课版 / 张毅恒，陈志凌主编. -- 北京：人民邮电出版社，2023.2
信息技术人才培养系列教材
ISBN 978-7-115-56601-0

Ⅰ. ①J… Ⅱ. ①张… ②陈… Ⅲ. ①JAVA语言—程序设计—教材 Ⅳ. ①TP312.8

中国版本图书馆CIP数据核字(2021)第100729号

内 容 提 要

本书主要以零基础的读者为对象进行讲解，图文并茂、案例充足，并提供课后习题，帮助读者循序渐进地学习 Java 语言编程的知识，从而提升自身的实际开发能力。全书分为基础篇、高级篇、数据结构与算法篇、实战篇，共 11 章，内容主要包括 Java 环境搭建、Java 变量命名规范、Java 中的数据类型、流程控制语句、继承、多态、类与方法、Java 面向对象高级特征、面向对象常用类、异常处理、Lambda 表达式、泛型、栈、堆、链表、树、查找算法、排序算法、递归算法，以及五子棋对战项目等。

本书通俗易懂，内容由浅入深，可以作为高等院校及相关培训机构 Java 编程语言课程的教材，也可作为 Java 初学者、爱好者的入门书。

◆ 主　　编　张毅恒　陈志凌
　 副 主 编　叶文强　郑志材　张国明　李 纲　陈清雨
　 责任编辑　张　斌
　 责任印制　王　郁　陈　犇

◆ 人民邮电出版社出版发行　　北京市丰台区成寿寺路 11 号
　 邮编 100164　电子邮件 315@ptpress.com.cn
　 网址 https://www.ptpress.com.cn
　 涿州市京南印刷厂印刷

◆ 开本：787×1092　1/16
　 印张：17.5　　　　　　　　　　　　2023 年 2 月第 1 版
　 字数：441 千字　　　　　　　　　　2023 年 2 月河北第 1 次印刷

定价：69.80 元

读者服务热线：**(010)81055256**　印装质量热线：**(010)81055316**
反盗版热线：**(010)81055315**
广告经营许可证：京东市监广登字 20170147 号

编审委员会

主　任：韩国强　　　　广东省计算机学会 理事长

副主任：张　昊　　　　工业和信息化部电子第五研究所
　　　　　刘映群　　　　广东省高性能计算学会
　　　　　余爱民　　　　广东省计算机学会
　　　　　黄　轩　　　　广东省计算机学会
　　　　　邓人铭　　　　粤嵌科技
　　　　　冯宝祥　　　　粤嵌科技

委　员（按姓氏拼音排序）：

蔡昌新	长江大学	徐东明	云南大学
陈俞强	广东省计算机学会	徐灵飞	成都理工大学
崔英敏	广东省计算机学会	徐伟恒	西南林业大学
董　军	西安邮电大学	杨伏洲	长江大学
李小玲	成都大学	杨　晗	西南石油大学
林福民	广东工业大学	杨武军	西安邮电大学
刘　立	南华大学	杨惜爱	广东省计算机学会
罗智明	湖南工商大学	杨志凯	广州航新航空科技股份有限公司
吕浩音	陇东学院	袁　理	武汉纺织大学
闵　虎	广州南方学院	袁训锋	商洛学院
缪文南	广州城市理工学院	曾海峰	广东生态工程职业学院
聂明星	南华大学	曾志斌	西安电子科技大学
彭　剑	韶关学院	张洪彬	云南大学
孙　晓	湖南工业大学	赵　林	广西电力职业技术学院
唐　宏	重庆邮电大学	甄圣超	合肥工业大学
王慧琴	西安建筑科技大学	周　彦	湘潭大学
邬厚民	广东省计算机学会	朱　冰	西安石油大学

秘书长：温子祺　　　　粤嵌科技
　　　　　张　斌　　　　人民邮电出版社

序 PREFACE

当今世界，综合国力的竞争就是人才的竞争。当前，我们比历史上任何时期都更加接近实现中华民族伟大复兴的宏伟目标，也比历史上任何时期都更加渴求人才。我国实现高水平科技自立自强，归根结底要靠高水平创新型人才。这就要求我们要更加重视人才自主培养，努力造就一批具有世界影响力的顶尖科技人才，努力培养更多高素质技术技能人才、能工巧匠、大国工匠。

我们要明确人才培养目标，完善质量测评体系。"更加重视科学精神、创新能力、批判性思维的培养培育"是国家对培养创新型人才提出的明确要求。我们应加快完善以学生为中心的高等教育质量测评体系，更加关注学生的学习过程、学习经验以及学习效果，有效激发学生创新意识与发展潜能，实现培养目标与学生发展相统一。

我们要不断创新人才培养模式，强化科学精神和创造性思维培养；坚持以人为本，结合科教融合、校企联合等模式的实施，建立"全方位、开放式、层次化"的培养模式；通过丰富的创新项目，培养造就一大批熟悉行业应用、具备科技创新能力的青年科技人才。

粤嵌科技是教育部产学合作协同育人项目合作单位、教育部 1+X 职业教育培训评价组织。粤嵌科技创立于 2005 年，是 IT 技术产品研发及教育服务机构，为业界提供全面的 IT 技术服务和产品。近年来，粤嵌科技为多所高校量身打造产业学院课程，与高校教师一起组建双师双创型师资队伍，共同商定应用型特色专业规划、制定人才培养标准及建设一体化实践实训平台，为学生提供优良的实践条件及真实工程项目。另外，粤嵌科技组织了多次"粤嵌杯"大学生创新创业大赛，为高校学生提供了一个学以致用、理论联系实际、发挥自我创造力的平台。

经过多年的发展，粤嵌科技具备了在 IT 技术自主创新方面的优势和能力，积累了嵌入式、Java 全栈+大数据、HTML5 前端、UI 设计、网络工程、Python 人工智能、Unity 游戏开发等多个方向的教学资源，并组织编写了本系列教材。

一套好的教材，是人才培养的基础，也是教学质量的重要保障。本系列教材的出版，是粤嵌科技在人才培养领域的重要举措，是粤嵌科技各位讲师多年教学经验的结晶和成果。在此，我向各位作者表示衷心的感谢！并希望本系列教材能够帮助读者解决在学习和工作中遇到的困难，能够为读者提供更多的启发和帮助，为读者的成功添砖加瓦。

粤嵌科技董事长　钟锦辉
2022 年 5 月

前言 INTRODUCTION

Java 是目前世界上非常流行的编程语言，用户上网都会用到 Java 开发的程序。目前全球拥有众多的 Java 开发者，并且随着 Web 技术的发展，Java 开发人员的需求量还会增加。

目前基本上所有的本科、高职高专院校的计算机相关专业都开设了 Java 程序设计这门课程。作为一门注重实践的课程，需要学生更多地动手上机编程。本书以培养读者动手能力为目标，提供大量的程序清单，讲解相应的原理，并且第 1~10 章配有对应的习题，以帮助读者更好地掌握 Java 编程技术，应用相应的知识点来解决实际的技术问题。

本书内容

本书主要介绍 Java 入门到实践的基本知识点，分为 4 篇，大致结构如下。

第 1 篇：基础篇（第 1~6 章）。本篇主要阐述 Java 的发展史，介绍开发环境和一些计算机的基本原理，还讲解 Java 的变量命名规范及基本语法，Java 中的各种数据类型，流程控制语句，面向对象的思想，对继承、多态、类与方法的深入理解等内容。目的是使读者快速掌握环境的搭建并选择顺手的编译工具，掌握基本的语法规则，理解类、对象和面向对象的基本特征，理解面向对象与面向过程的异同，并为项目的开发打下必要的基础。

第 2 篇：高级篇（第 7~8 章）。本篇主要介绍如何捕获异常和异常的处理，以及 Lambda 表达式的基本使用方式和操作。目的是使读者掌握如何使用异常使得代码更加稳健和具有可读性，并掌握编写函数的一种快捷且简易的方法。

第 3 篇：数据结构与算法篇（第 9~10 章）。本篇介绍常用的数据结构与算法，包括栈、堆、链表、树、查找算法、排序算法和递归算法等。通过对本篇的学习，读者将可以对一些较复杂的数据进行整理和归类，并根据项目实际场景选择合适的算法对数据进行快速的搜索和排序。

第 4 篇：实战篇（第 11 章）。本篇详细介绍如何开发五子棋对战项目。通过对本篇的学习，读者将能完成一个锻炼思维的项目。

本书特点

- 图文并茂，由浅入深。本书以学习 Java 语言编程的初学者为主要读者对象。先从 Java 语言基础讲起，生动、详细地讲解各个知识点；然后讲解 Java 语言的面向对象、异常处理、Lambda 表达式、泛型等核心内容；最后，讲解 Java 语言中的数据结构、算法等高级技术及实战项目。本书的讲解图文并茂，读者在学习时可一目了然，能更快速地掌握本书内容。

- 案例充足，突出实践。动手实践是学习编程最有效的方式之一。本书中的知识点大都结合案例进行讲解，案例代码完善、注释齐全。读者在动手操作的过程中可以进一步加强对知识点和代码的理解。
- 贴身辅导，同步讲解。本书为一些关键的核心知识点提供了微课视频，读者可以通过扫描二维码，随时观看相关的教学视频。
- 习题丰富，巩固知识。本书第 1～10 章包含丰富的课后习题，对本章所讲内容进行全面的整理。习题的题型多样，包括选择题、填空题、编程题等，使读者可以进一步提高动手能力和思考能力。

致读者

感谢在粤嵌参与 Java 课程学习的学生，他们在学习过程中与编者展开了诸多讨论，这些讨论帮助编者解决了很多重要的问题。感谢参与授课工作的陈志凌老师和叶文强老师，他们对本书的内容和编排都提出了很好的建议；感谢广东工商职业技术大学的郑志材老师和张国明老师，感谢广州东华职业学院的李纲老师、陈清雨老师，他们对本书在高校的推广给出了很多优化的意见；感谢粤嵌公司的各位领导，他们为本书的编写提供了优秀的平台和大量的资源，使本书得以完成。最后，希望得到读者的意见和反馈，在此表示感谢。

张毅恒

2022 年 3 月

目录 CONTENTS

第1篇 基础篇

第1章 搭建Java开发环境 2
- 1.1 Java概述 2
  - 1.1.1 Java语言的产生 2
  - 1.1.2 Java语言的发展 3
- 1.2 Java语言的特点 5
  - 1.2.1 面向对象 5
  - 1.2.2 可移植性 5
  - 1.2.3 稳健性和安全性 5
  - 1.2.4 多线程和动态性 5
- 1.3 Java程序工作原理 6
  - 1.3.1 编译型语言与解释型语言 6
  - 1.3.2 Java程序执行机制 6
- 1.4 搭建JDK环境 6
- 1.5 配置环境变量 9
- 1.6 "第一个"Java程序 11
- 1.7 集成开发环境Eclipse 12
- 1.8 习题 16

第2章 Java基本程序设计结构 17
- 2.1 注释 18
  - 2.1.1 单行注释 18
  - 2.1.2 多行注释 18
  - 2.1.3 文档注释 18
- 2.2 标识符 20
- 2.3 关键字 20
  - 2.3.1 类和接口的关键字 21
  - 2.3.2 数据类型的关键字 21
  - 2.3.3 流程控制的关键字 22
  - 2.3.4 类成员访问权限的关键字 22
  - 2.3.5 类实例的关键字 22
  - 2.3.6 异常处理相关的关键字 23
  - 2.3.7 其他关键字 23
- 2.4 数据类型 23
  - 2.4.1 Java的基本数据类型 24
  - 2.4.2 Java数据类型的转换 25
- 2.5 变量 26
- 2.6 常量 28
- 2.7 运算符 29
  - 2.7.1 算术运算符 29
  - 2.7.2 赋值运算符 30
  - 2.7.3 关系运算符 30
  - 2.7.4 逻辑运算符 30
  - 2.7.5 位运算符 30
  - 2.7.6 位移运算符 31
  - 2.7.7 其他运算符 31
  - 2.7.8 运算符的优先级 31
- 2.8 流程控制结构 32
  - 2.8.1 分支结构 32
  - 2.8.2 循环结构 35
- 2.9 数组 41
  - 2.9.1 数组的声明 41
  - 2.9.2 数组的初始化 41
  - 2.9.3 数组的访问 42
  - 2.9.4 数组的遍历 43

2.9.5　二维数组……………………44
2.10　习题…………………………………45

第 3 章　Java 面向对象入门……48

3.1　面向对象思想…………………………48
3.2　类与对象………………………………50
3.3　属性……………………………………51
3.4　方法……………………………………52
3.5　方法重载………………………………54
3.6　构造器…………………………………55
　　3.6.1　构造器重载…………………56
　　3.6.2　默认构造器…………………56
3.7　初始化块………………………………57
　　3.7.1　普通初始化块………………57
　　3.7.2　静态初始化块………………59
3.8　内部类…………………………………60
　　3.8.1　成员内部类…………………60
　　3.8.2　局部内部类…………………61
　　3.8.3　静态内部类…………………61
　　3.8.4　匿名内部类…………………62
3.9　this 的使用……………………………64
　　3.9.1　引用当前类的属性…………64
　　3.9.2　返回类自身的引用…………65
　　3.9.3　调用构造器…………………65
　　3.9.4　用作方法的参数……………66
3.10　链式调用……………………………67
3.11　习题…………………………………68

第 4 章　Java 面向对象三大特征…………71

4.1　封装……………………………………71
　　4.1.1　private、protected、public、默认…………………72
　　4.1.2　package 和 import…………73
4.2　继承……………………………………75

　　4.2.1　继承的定义…………………76
　　4.2.2　方法的重写…………………78
　　4.2.3　super 关键字的使用…………80
　　4.2.4　方法调用的优先级…………83
4.3　多态……………………………………85
　　4.3.1　多态的定义…………………85
　　4.3.2　多态的特征…………………87
　　4.3.3　instanceof 的使用……………89
　　4.3.4　静态绑定和动态绑定………92
4.4　习题……………………………………93

第 5 章　Java 面向对象高级特征……………96

5.1　toString()方法…………………………96
5.2　equals()方法……………………………98
5.3　static 关键字…………………………101
5.4　final 关键字…………………………101
　　5.4.1　final 类……………………101
　　5.4.2　final 方法…………………102
　　5.4.3　final 属性…………………103
　　5.4.4　final 参数…………………104
　　5.4.5　final 变量…………………104
　　5.4.6　同时使用 static 和 final……105
5.5　抽象……………………………………106
5.6　接口……………………………………108
　　5.6.1　接口的定义…………………108
　　5.6.2　接口的实现…………………109
　　5.6.3　一个类实现多个接口………109
　　5.6.4　一个接口继承多个接口……111
5.7　方法回调………………………………112
5.8　单例……………………………………113
　　5.8.1　懒汉式单例…………………113
　　5.8.2　饿汉式单例…………………114
5.9　习题……………………………………115

第6章　Java 面向对象常用类 119

6.1　数组与 Arrays 类 120
6.2　Object 类 120
6.3　基本数据类型的包装类 121
6.3.1　基本数据类型与包装类的转换 ‥ 121
6.3.2　基本数据类型与字符串类型的转换 122
6.4　Math 类 122
6.4.1　无理数的写法 122
6.4.2　三角函数的方法 122
6.4.3　取整运算的方法 123
6.4.4　乘方、开方、对数的方法 123
6.4.5　其他方法 123
6.5　日期和时间相关的类 123
6.5.1　Date 类 124
6.5.2　Calendar 类 125
6.5.3　SimpleDateFormat 类 127
6.6　字符串操作相关的类 128
6.6.1　String 类 129
6.6.2　字节数组、字符数组与字符串的转换 130
6.6.3　StringBuilder 和 StringBuffer 类 131
6.7　随机类 132
6.8　正则表达式 133
6.8.1　Pattern 与 Matcher 类 133
6.8.2　元字符 134
6.8.3　提取匹配的关键字 136
6.8.4　正则表达式的字符串操作 137
6.9　习题 137

第 2 篇　高级篇

第7章　异常处理 142

7.1　异常概述 142
7.2　异常处理相关语法 143
7.2.1　try 和 catch 代码块 143
7.2.2　多个 catch 代码块 143
7.2.3　错误和异常 145
7.2.4　Exception 类 145
7.2.5　finally 代码块 146
7.2.6　throws 抛出异常 147
7.3　异常分类 149
7.4　捕获异常 149
7.5　抛出异常 150
7.6　习题 152

第8章　Lambda 表达式 156

8.1　值参数化与行为参数化 156
8.1.1　值参数化 156
8.1.2　行为参数化 159
8.1.3　引入 Lambda 161
8.1.4　值参数化与行为参数化的比较 ‥ 162
8.2　Lambda 表达式概述 163
8.3　函数式接口 164
8.3.1　基本概念 164
8.3.2　JDK 8 的函数式接口 166
8.3.3　参数的类型推断 168
8.3.4　多个参数的运算 168
8.4　Lambda 表达式的其他特性 170
8.4.1　使用局部变量 170

8.4.2 方法引用……………………172
   8.4.3 构造器引用………………172
   8.4.4 Lambda 表达式与匿名内部类的区别……………………172
  8.5 习题………………………………173

第 3 篇　数据结构与算法篇

第 9 章　数据结构……………176

  9.1 数组………………………………176
  9.2 栈…………………………………177
  9.3 队列………………………………181
  9.4 链表………………………………189
  9.5 树…………………………………196
  9.6 堆…………………………………203
  9.7 散列表……………………………209
  9.8 图…………………………………212
  9.9 习题………………………………215

第 10 章　算法…………………217

  10.1 查找算法…………………………217
   10.1.1 顺序查找法…………………217
   10.1.2 二分查找法…………………218
  10.2 排序算法…………………………220
   10.2.1 冒泡排序法…………………221
   10.2.2 选择排序法…………………225
   10.2.3 插入排序法…………………228
   10.2.4 希尔排序法…………………232
   10.2.5 快速排序法…………………235
   10.2.6 归并排序法…………………238
   10.2.7 堆排序法……………………241
   10.2.8 排序算法的衡量指标………245
  10.3 递归算法…………………………246
  10.4 习题………………………………248

第 4 篇　实 战 篇

第 11 章　项目开发与实现——五子棋程序……………252

  11.1 游戏说明…………………………252
   11.1.1 游戏规则……………………252
   11.1.2 编程注意事项………………252
   11.1.3 计算机下棋的策略…………253
  11.2 建立模型…………………………253
  11.3 输出棋盘…………………………254
  11.4 放置棋子…………………………256
  11.5 计算机下棋策略…………………260
  11.6 读取用户下棋的坐标……………261
  11.7 判断赢棋条件……………………263
  11.8 程序主流程………………………265

第1篇

基础篇

第 1 章　搭建 Java 开发环境

学习目标

了解 Java 的发展史。
熟悉 Java 的特点与使用场景。
掌握 JDK 环境的搭建与使用方法。
掌握集成开发环境 Eclipse 的搭建与使用方法。

Java 语言自 1995 年诞生以来，已经发展成世界上非常流行的编程语言。它主要分为 Java SE、Java EE、Java ME。

Java 是一门完全面向对象编程语言。它具有可移植性、稳健性、安全性，可以多线程运行，可以动态加载各种类库。

要执行 Java 程序，需要经过编译和解释两个步骤。通常运行、编写 Java 程序常用的集成开发环境是 Eclipse。

1.1　Java 概述

Java 语言诞生于 C++ 语言之后，它吸收了 C++ 语言的各种优点，采用了程序员熟悉的 C++ 语言的许多语法，同时也去掉了 C++ 语言中的指针、多继承等概念。这样使 Java 语言既功能能强大，又简单易用。程序员可以基于 Java 用纯粹面向对象的思维方式进行开发。

1.1.1　Java 语言的产生

1991 年 4 月，Sun Microsystems 公司（以下简称 Sun 公司）的一个项目组开始进行一项"绿色工程"（Green Project）。该工程的目标是开发一种可以在各种消费类电子产品上运行的控制系统。该项目组最开始的时候曾考虑使用 C++ 语言，但很快发现对消费类电子产品而言，C++ 语言过于复杂和庞大，安全性也难以令人满意。

于是，项目组的负责人詹姆斯·戈斯林（James Gosling）和比尔·乔伊（Bill Joy）便决定开发一种新的编程语言 Oak，这个名字的由来据说是他们设计这门编程语言的结构时，无意中看见窗外的一棵橡树（Oak）。不过后来他们发现较早的一门语言也使用过这个名字，因此不得不放弃该名字。

后来，他们在去附近一家咖啡馆的时候，找到了灵感：Java。爪哇岛（Java）是印度尼西亚的一个岛，该岛盛产咖啡，而咖啡是程序员喜爱的饮料之一。因此，"一杯飘着香气的咖啡"至今仍然作为Java语言的图标，如图1.1所示。

图 1.1 Java 的图标

1.1.2 Java 语言的发展

Internet的出现使计算机进入了网络时代。网络时代计算机的类型和操作系统可以完全不同。Java之前的编程语言只适用于单机系统，网络时代迫切需要一种可以跨平台的编程语言，使用它编写的程序要能够在网络中的各种计算机上运行。Java正好满足了这个需求，因此获得了巨大的成功。

1994年，Internet的迅速发展促进了Java语言的发展，Sun公司意识到了Java技术的发展潜力。

1995年，Sun公司正式推出Java语言。Java具有跨平台、面向对象、简单、安全、适用于网络编程等特点。因此它的出现引起了程序员和软件公司的广泛关注。几个月后，Java便成为网络上非常热门的编程语言。大量的Java程序（如各种小动画、小程序等）在Internet上出现。

随后，Sun公司下属的SunSoft通过颁发许可证的方式使各家公司将Java虚拟机（Java Virtual Machine，JVM）和Java的Applets库嵌入其开发的操作系统。这样开发人员就能更容易地选择不同的平台，使用Java语言进行编程。用户甚至可以脱离Web浏览器直接运行Java应用程序。Java程序既可以直接在浏览器中运行，又可以直接与远程服务器交互。因此，Java受到了大众用户的欢迎。

Java毕竟只是一门编程语言，如果想要开发更复杂的应用程序，必须有一个强大的类库。因此，Sun公司在1996年1月发布了Java开发工具包（Java Development Kit，JDK）——JDK 1.0。其包含Java运行环境（Java Runtime Environment，JRE）和Java开发环境。运行环境包括核心应用程序接口（Application Programming Interface，API）、集成API、用户界面API、发布技术、JVM等5个部分；开发环境则包括Java编译器javac。

随后Java的发展也证明了Java语言的优越性。表1.1列出了JDK版本、发布时间、关键事件和核心技术。

表 1.1　　　　　　　　　　　　　　　JDK 版本

JDK 版本	发布时间	关键事件和核心技术
JDK 1.0	1996 年 1 月	JVM、Applets、抽象窗口工具包（Abstract Window Toolkit，AWT）
JDK 1.1	1997 年 2 月	JAR 文件格式、Java 数据库连接（Java DataBase Connectivity，JDBC）、JavaBeans、远程方法调用（Remote Method Invocation，RMI）
JDK 1.2	1998 年 12 月	将 Java 技术系统分为 3 个方向：J2SE、J2EE、J2ME。 出现代表性技术：企业 Java 组件（Enterprise JavaBeans，EJB）、Java Plug-in、Java 接口定义语言（Interface Definition Language，IDL）、Swing
JDK 1.3	2000 年 5 月	常用类库
JDK 1.4	2002 年 2 月	正则表达式、异常链、NIO（Non-blocking I/O，非阻塞 I/O）、日志记录类、可扩展标记语言（eXtensible Markup Language，XML）解析器、可扩展样式表语言转换（Extensible Stylesheet Language Transformations，XSLT）转换器
JDK 1.5 或 JDK 5	2004 年 9 月	自动装箱、泛型、动态注解、枚举、可变长度参数、foreach 循环

续表

JDK 版本	发布时间	关键事件和核心技术
JDK 1.6 或 JDK 6	2006 年 12 月	J2SE、J2EE、J2ME 分别改名为 Java SE、Java EE、Java ME。动态语言支持、构建 API 和微型超文本传输协议（Hypertext Transfer Protocol，HTTP）服务器 API
JDK 1.7 或 JDK 7	2009 年 2 月	提供新的 G1 收集器、增强对非 Java 语言的调用及语言级别模块化支持、升级类加载架构
JDK 1.8 或 JDK 8	2014 年 3 月	全新特性的 Lambda 表达式、Stream 函数式编程、接口默认方法、Optional 空指针判断以及对日期类库的改进等
JDK 1.9 或 JDK 9	2017 年 9 月	添加了模块系统、Java 命令行运行工具 JShell、不可变集合工厂方法、私有接口方法、多版本兼容 JAR 等
JDK 1.10 或 JDK 10	2018 年 3 月	具有局部类型推断关键字 var、应用类数据共享、并行垃圾回收器、试验性的基于 Java 的即时（Just In Time，JIT）编译器等新特性
JDK 1.11 或 JDK 11	2018 年 9 月	基于嵌套的访问控制、Epsilon 垃圾回收器、动态的类文件常量、用于 Lambda 参数的局部变量语法等方面的改进
JDK 1.12 或 JDK 12	2019 年 3 月	低暂停事件的垃圾回收、switch 表达式、JVM 常用的 API 等新特性
JDK 1.13 或 JDK 13	2019 年 9 月	共享不同 Java 进程之间通用的元数据、改进启动时间、扩展内容分发服务（Content Distribution Service，CDS）等新特性

Java 可以分为 Java SE、Java EE、Java ME。
- Java SE：整个 Java 技术的核心和基础，是 Java EE 和 Java ME 编程的基础。本书将主要基于 Java SE 进行介绍。
- Java EE：提供了企业应用开发的完整解决方案。
- Java ME：主要用于控制移动设备和信息家电等设备。

Java 自诞生之日起，就一直在软件开发行业保持着极高的热度，并且如火如荼地发展着。在全球编程语言排行榜中，Java 长期居于前列，如图 1.2 所示。未来，Java 仍将是软件开发的最佳选择之一。

Programming Language	2022	2017	2012	2007	2002	1997	1992	1987
C	1	2	2	2	1	1	1	1
Python	2	5	8	8	16	28	-	-
Java	3	1	1	1	2	18	-	-
C++	4	3	3	3	3	2	2	4
C#	5	4	4	7	12	-	-	-
Visual Basic	6	14	-	-	-	-	-	-
JavaScript	7	8	10	9	9	21	-	-
Assembly language	8	10	-	-	-	-	-	-
PHP	9	6	5	5	8	-	-	-
SQL	10	-	-	-	35	-	-	-
Prolog	24	33	45	28	29	15	10	3
Ada	28	30	17	17	17	11	3	14
Lisp	32	28	13	13	11	8	12	2
(Visual) Basic	-	-	7	4	4	3	7	5

图 1.2　全球编程语言排行榜

1.2　Java 语言的特点

下面简单介绍 Java 语言的特点。

1.2.1　面向对象

说到 Java，通常人们会想到它的第一个特点就是面向对象。Java 是一门纯粹面向对象的编程语言。所有的 Java 应用程序都以对象的形式存在，封装性实现了模块化和信息隐藏，继承性实现了代码的重用。与 C++等其他面向对象编程语言相比，Java 更简单，它去掉了运算符重载、多继承等复杂概念，采用单继承、强制转换、引用等方式。同时，Java 的内存回收机制也让程序员可以不用花太多的心思去管理内存，从而大大减少出错的可能性。

1.2.2　可移植性

目前市面上有各种不同类型的机器和操作系统。为了使 Java 程序在任何地方都可以运行，Java 编译器编译（Compile）生成了与体系结构无关的字节码文件。只要计算机在处理器和操作系统方面满足 Java 运行环境的要求，字节码就可在该计算机上运行。使用 Java 可以让同一个版本的应用程序在不同平台上运行。

1.2.3　稳健性和安全性

Java 程序在编译的时候，需要进行严格的检查。如果执行了非法操作，Java 编译工具会在解释（Interpret）的时候指出该问题。Java 中不能使用指针直接访问内存地址，这样可以大大降低错误发生的可能性。同时由于 Java 中的数组（Array）是预先分配内存的，对于数组越界等问题，也可在程序编译时即时发现，从而提高 Java 程序的稳健性。

另外，作为一门网络编程语言，Java 必须保证足够的安全性，以防止病毒的侵扰。Java 程序在运行的时候，将严格检查访问数据的权限。由于下载到用户计算机上的字节码由 Java 解释器运行，解释器会通过特定的机制阻止对内存的直接访问，从而保证 Java 程序的安全性。

1.2.4　多线程和动态性

多线程机制使应用程序可以同时进行不同的操作、处理不同的事件。不同线程之间互不影响、互不干涉。例如系统中有两个线程同时在运行，一个线程负责网络通信，另一个线程负责与用户交互。网络通信的时候经常会出现网络阻塞、网络延时、数据包丢包、重发等现象。即使因网络本身而导致网络通信线程处于等待状态，多线程机制下的用户交互线程也不会延缓运行，从而避免影响用户体验。

另外，Java 程序在运行过程中可以动态加载各种类库，该特点有利于网络程序的运行。用户即使更新类库也不必重新编译对应的应用程序。

1.3 Java 程序工作原理

1.3.1 编译型语言与解释型语言

计算机高级语言按执行方式可分为编译型语言和解释型语言两种。

（1）编译型语言是指使用编译器将高级语言的源码通过编译生成硬件平台的机器码，然后包装成平台能识别的可执行程序格式的语言。这个过程就称为编译，编译后的可执行程序可脱离开发环境，在特定的平台上独立执行。

由于编译型语言在执行的时候不需要重新翻译，因此它的程序执行效率较高。但同时它对编译器非常依赖，导致跨平台的能力较差。常见的编译型语言有 C、C++等。

（2）解释型语言是指使用解释器对源码进行逐行解释并翻译成特定平台的机器码，并立即执行的语言。这个过程就称为解释。解释型语言的解释过程相当于将编译型语言的编译和解释过程一并执行。

由于每次执行解释型语言的时候都需要进行一次编译，因此解释型语言的程序执行效率较低，而且不能脱离解释器独立执行。但解释型语言跨平台的能力较强，只需要提供特定平台的解释器即可执行。常见的解释型语言有 Python、Perl、JavaScript 等。

1.3.2 Java 程序执行机制

Java 语言与其他编程语言不同，要执行 Java 编写的程序，需要经过先编译、后解释两个步骤。

用 Java 编写的程序首先需要进行编译，但编译的结果并不是生成特定平台的机器码，而是生成与平台无关的字节码（在#.class 文件中）。字节码不能马上执行，还需要使用 Java 解释器来解释执行。因此 Java 语言既是编译型语言，又是解释型语言。开发 Java 程序的流程通常如下：

- 编写源码；
- 编译源码；
- 执行编译后的程序。

在 Java 中负责解释字节码文件的是 JVM，它是可执行 Java 字节码文件的虚拟机。编译器只需要面向 JVM，编译生成 JVM 能识别的代码即可。注意，不同平台上的 JVM 是不同的，但它们提供了相同的接口。JVM 是 Java 程序跨平台的关键部分，它为不同平台实现了相应的虚拟机，编译后的 Java 字节码即可在该平台上执行。

1.4 搭建 JDK 环境

编译 Java 程序需要官方提供的编译工具。Java 目前是 Oracle 公司的产品（之前属于 Sun 公司，Sun 公司在 2009 年被 Oracle 公司收购），因此用户可以在 Oracle 官网下载 JDK。

考虑到近年 JDK 版本更新太快，可能会导致一些系统兼容的不稳定，因此本书还是建议使用目前比较成熟的 JDK 8。用户可在 Oracle 官网下载 JDK，如

图 1.3 所示。

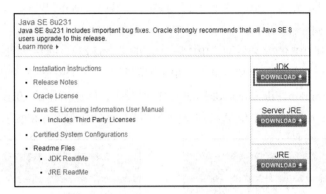

图 1.3 选择 JDK 8 进行下载

进入下载页面，在下载页面中选择"Accept License Agreement"（同意许可协议）。

考虑到目前多数用户使用 64 位的 Windows 操作系统，因此本书选择基于 64 位 Windows 的 JDK 版本，如图 1.4 所示，后文也基于 64 位的 JDK 进行介绍。如果读者使用 32 位的 Windows 操作系统，则可以选择基于 32 位 Windows 的 JDK 版本。

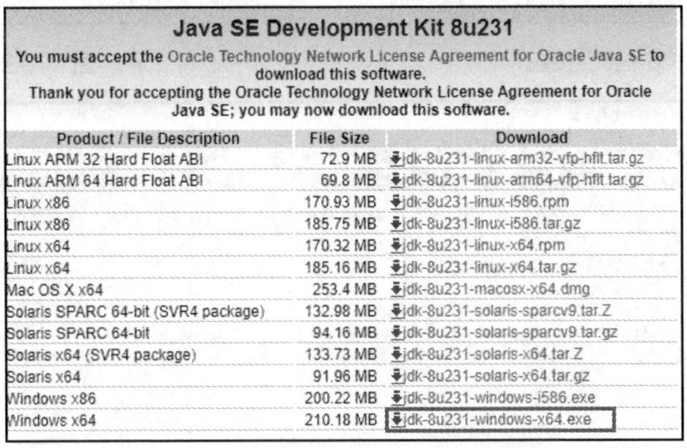

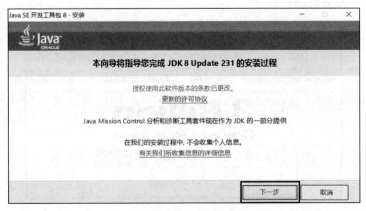

图 1.4 选择合适的 JDK 版本下载

下载后运行安装程序，打开安装界面，单击"下一步"按钮，如图 1.5 所示。

图 1.5 JDK 安装界面

进入设置安装目录的界面,用户根据自己的需要,可以通过单击"更改"按钮修改安装目录。这里我们直接使用默认的路径。单击"下一步"按钮,如图 1.6 所示。

等待程序安装,如图 1.7 所示。

安装期间,会弹出 JRE 的安装界面。JRE 是 JDK 的运行环境,一般需要安装到与 JDK 同级的目录下。例如 JDK 安装到 D:\java\jdk8 目录下,JRE 则需要安装到 D:\java\jre8 目录下。由于前文介绍的 JDK 安装到 C:\Program Files\Java\jdk1.8.0_231 目录下,因此这里的 JRE 安装也选择默认路径(C:\Program Files\Java\jre1.8.0_231),直接单击"下一步"按钮,如图 1.8 所示。

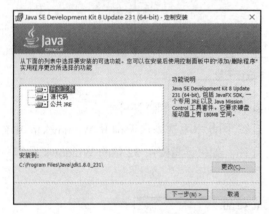

图1.6 单击"下一步"按钮　　　　图1.7 安装JDK

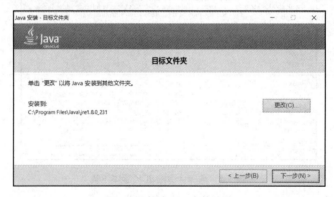

图 1.8 定制 JRE 安装目录

等待程序安装,如图 1.9 所示。

图 1.9 安装 JRE

至此 JDK 安装完成，单击"关闭"按钮即可，如图 1.10 所示。

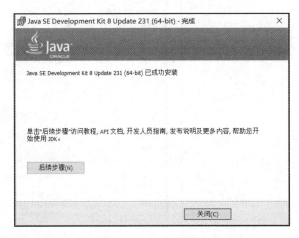

图 1.10　JDK 安装完成

1.5　配置环境变量

安装完 JDK 后，必须配置环境变量 JAVA_HOME、PATH，JDK 才能够正常运行。

以 Windows 10 操作系统为例，在"此电脑"图标上单击鼠标右键，在打开的快捷菜单中选择"属性"命令，如图 1.11 所示。

在打开的"系统"窗口中单击"高级系统设置"，如图 1.12 所示。

图 1.11　选择"属性"命令

图 1.12　选择"高级系统设置"选项

进入"系统属性"对话框，切换到"高级"选项卡，并单击"环境变量"按钮，如图 1.13 所示。

进入"环境变量"对话框，在"系统变量"中单击"新建"按钮，如图 1.14 所示，弹出"新建系统变量"对话框。

在"变量名"文本框中输入 JAVA_HOME，在"变量值"文本框中输入之前 JDK 的安装路径（例如 C:\Program Files\Java\jdk1.8.0_231），并单击"确定"按钮，如图 1.15 所示。

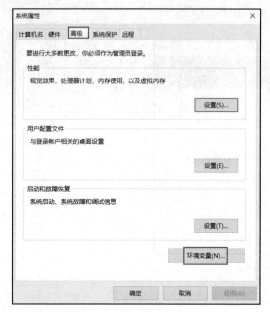

图1.13 "系统属性"对话框

图1.14 新建环境变量

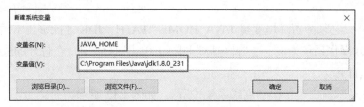

图1.15 JAVA_HOME 配置对话框

注意：需要确保 JDK 安装路径下有图 1.16 所示的内容。

回到"环境变量"对话框，在"系统变量"中找到 PATH 变量，添加两个变量："%JAVA_HOME%\bin"和"%JAVA_HOME%\jre\bin"，如图 1.17 所示。

图1.16 JDK 安装目录

图1.17 "编辑环境变量"对话框

单击“编辑环境变量”对话框中的“确定”按钮，回到“环境变量”对话框；单击“环境变量”对话框中的“确定”按钮，回到“系统属性”对话框；单击“系统属性”对话框中的“确定”按钮，退出“系统属性”对话框。

至此，环境变量配置完成。

最后，测试配置是否成功。按 Win+R 组合键打开“运行”对话框，输入 cmd，按 Enter 键进入命令提示符窗口。输入 javac -version 和 java -version。如果出现图 1.18 所示的信息，则说明配置成功。

```
C:\Users\Public>javac -version
javac 1.8.0_231

C:\Users\Public>java -version
java version "1.8.0_231"
Java(TM) SE Runtime Environment (build 1.8.0_231-b11)
Java HotSpot(TM) 64-Bit Server VM (build 25.231-b11, mixed mode)
```

图 1.18　Java 环境变量配置测试

此时，Java JDK 8 环境就搭建成功了。

1.6 “第一个” Java 程序

Java 程序的编辑可以使用任意一种文本编辑器，例如 UltraEdit、EditPlus、Notepad++、Sublime 等，只要把编辑好的文件存储为扩展名为.java 的文件即可。当然也可以使用集成开发环境，例如 Eclipse。下面先介绍用文本编辑器编辑“第一个” Java 程序。

新建一个文件，命名为 Hello.java（注意大小写），然后使用文本编辑器编辑内容，见例 1.1。

【例 1.1】 屏幕输出字符串，代码如下：

```
Example_Hello\Hello.java
public class Hello {
    public static void main(String[] args) {
        System.out.println("Hello");
    }
}
```

简单分析一下程序的结构。

```
public class Hello
```

这句用于声明一个名为 Hello 的类。类的实体以后面的花括号{}标识开始和结束，其中 class 是关键字，表示定义一个类。

public 是访问控制修饰符，表示这个类是公有的。其他所有的类都可以访问这个类的对象。

```
public static void main(String[] args)
```

这句用于定义一个静态方法 main()，同样以花括号{}标识开始和结束，其中：

static 表示这个方法是静态的，方法属于类而不属于对象；

void 表示这个方法没有返回值；

String[] args 表示这个方法可以传递多个字符串作为参数，这些字符串将以字符串数组的形式组合起来。

```
System.out.println("Hello")
```

这句是调用 System.out 对象的 println()方法，向标准输出设备（一般是指屏幕）发送字符串信息并换行。

System 是 Java 中的系统类，用于提供系统资源的标准接口。

out 是 System 类内部的对象，表示标准输出设备。该对象中包含方法 println()，用于在屏幕上输出信息。

然后进入命令提示符窗口，切换到文件所在目录（例如编者本机所在目录为 D:\code\Example_Hello），输入如下命令：

```
cd /d D:\code\Example_Hello
```

然后使用 javac 编译器编译 Java 程序，输入如下命令：

```
javac Hello.java
```

编译后，生成 Hello.class 文件，如图 1.19 所示。

然后使用 Java 解释器运行该程序。

```
java Hello
```

运行效果如图 1.20 所示。

图 1.19　编译并生成 Hello.class 文件

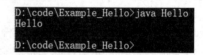

图 1.20　运行效果

如果能够在屏幕上看到 Hello 字样，则表示程序已经顺利运行。

关于该程序还有如下几点注意事项。

- main()方法必须定义在公有类中。
- 在 Java 编程语言中，对字母的大小写是敏感的，例如 main()、Main()、MAIN()分别表示不同的方法。
- 被修饰为 public 的类，类名必须与文件主名的大小写完全一致。
- Java 源文件的扩展名是.java。
- 运行程序时，Java 解释器中的代码后面只能跟.class 文件的主类名，后面不能加.class。

1.7　集成开发环境 Eclipse

如果想快速开发 Java 程序，可以考虑使用集成化工具。这类工具很多，而且都是可视化界面的，功能很强大，掌握以后可以事半功倍。这里介绍较常用的 Java 集成开发环境 Eclipse。

访问 Eclipse 的官网可以下载 Eclipse IDE for Java Developers。找到 Eclipse IDE for Java Developers，单击"Windows 64-bit"，如图 1.21 所示。

这里选择"eclipse-java-2019-09-R-win32-x86_64.zip"，单击"Download"按钮进行下载，如图 1.22 所示。

下载后解压得到 EXE 文件，双击该文件即可安装。选择"D:\eclipse"作为安装目录，单击"INSTALL"按钮，如图 1.23 所示。

图 1.21　单击"Windows 64-bit"

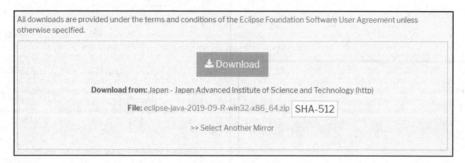

图 1.22　进行下载

图 1.23　安装 Eclipse

Eclipse 安装成功后，可以先创建一个简单的 Java 工程。

首先新建工程，在 Eclipse 中选择 File→New→Project，如图 1.24 所示。

图 1.24　在 Eclipse 中新建工程

在打开的"New Project"窗口中，选择 Java→Java Project，单击"Next"按钮，如图 1.25 所示。

弹出图 1.26 所示的窗口，然后在"Project name"中输入工程名称，例如 Hello。Eclipse 提供了默认路径专门用于存放工程相关的信息。例如这里是 D:\eclipse\workspace，如果想要改变该默认路径，可以取消勾选"Use default location"复选框，然后单击"Browse"按钮选择自定义的路径。这里我们使用默认路径，然后单击"Finish"按钮关闭窗口。

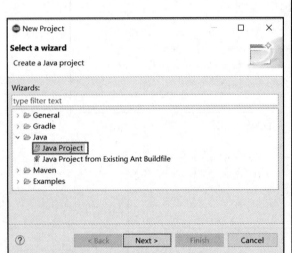

图 1.25　选择 Java→Java Project　　　　　图 1.26　单击"Finish"按钮

在"Package Explorer"中显示工程信息，如图 1.27 所示。

接下来需要创建 Java 文件和类，选择工程的 src 目录，单击鼠标右键打开快捷菜单。选择 New→Class，如图 1.28 所示。

在"Name"中输入类名（类名和文件名相同），例如 Hello，因为这个类需要作为程序主入口，需要包含 main()方法，所以勾选"public static void main（String[] args）"复选框，然后单击"Finish"按钮，如图 1.29 所示。

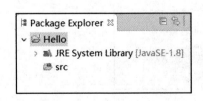

图 1.27　Eclipse 中的工程信息

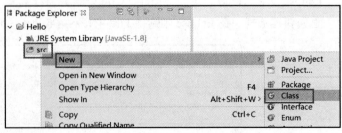

图 1.28　Eclipse 中的工程信息

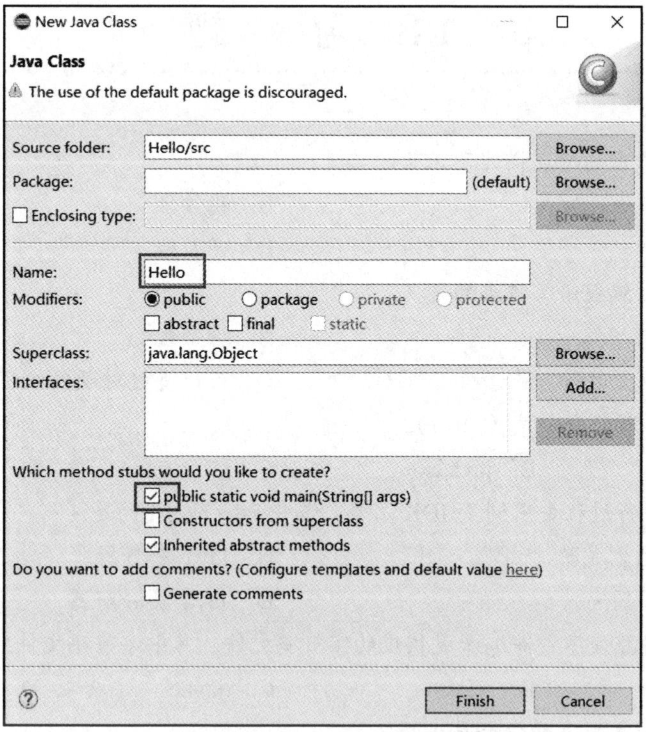

图 1.29　在 Eclipse 工程中创建类

回到主界面，在右边的编辑区域内输入程序代码，然后单击工具栏中选中的图标，或者通过在编辑区域单击鼠标右键打开快捷菜单，选择 Run As→Java Application，编译程序并运行，如图 1.30 所示。

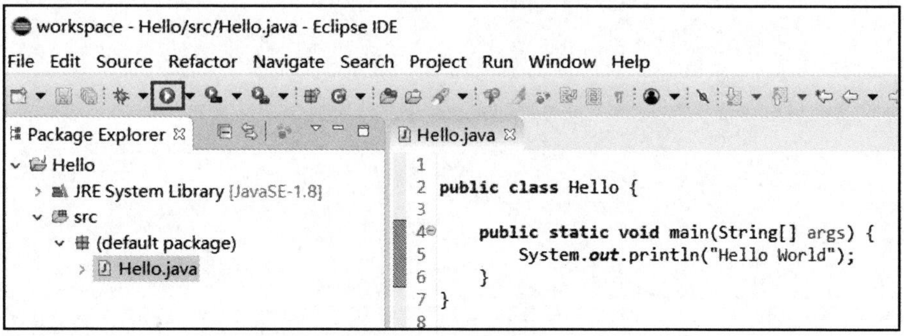

图 1.30　编译程序并运行

此时在界面下方的 Console（控制台）中将显示程序运行结果，如图 1.31 所示。

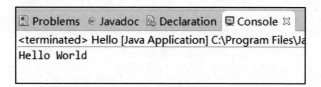

图 1.31　程序运行结果

读者可以尝试在此基础上，编写其他 Java 程序并运行，查看效果。

1.8 习　　题

一、选择题

1. 下列对 Java 语言的特点描述不正确的是（　　）。
   A. 不可移植性　　　　　　　　　　B. 稳健性
   C. 安全性　　　　　　　　　　　　D. 高性能
2. 下列不是 Java 编程语言特点的是（　　）。
   A. 面向对象　　　　　　　　　　　B. 跨平台
   C. 在虚拟机上运行　　　　　　　　D. 可以直接对硬件编程
3. Java 语言编译器的命令是（　　）。
   A. java.java　　　B. java.exe　　　C. javac.exe　　　D. class.exe
4. Java 程序的执行过程中用到了 JDK 工具，其中 java.exe 指的是（　　）。
   A. Java 文档生成器　　　　　　　　B. Java 解释器
   C. Java 编译器　　　　　　　　　　D. Java 类分解器
5. Java 编译器将源程序文件编译成相应的字节码文件，其中字节码文件的扩展名是（　　）。
   A. .java　　　　　B. .class　　　　C. .javac　　　　D. .exe
6. 查看 JDK 的版本信息的命令是（　　）。
   A. javaversion　　B. javacversion　　C. java_version　　D. javac -version

二、编程题

编写一个 Java 程序，输出自己的基本信息（如姓名、年龄、性别、身份证号等）。

第 2 章　Java 基本程序设计结构

学习目标

掌握 Java 中注释的几种写法。
了解标识符的基本格式，并能识别出常用的 Java 关键字。
熟悉 Java 的 8 种基本数据类型。
熟悉变量与常量的定义。
掌握常用的运算符。
熟练使用 if…else 语句，了解 switch 语句的使用方法。
熟练使用 while、do…while、for 循环。
了解 for…each 循环的使用方法。
掌握数组的定义与使用方法，了解二维数组的概念。

Java 语言提供了 3 种注释：单行注释、多行注释、文档注释。其中文档注释是 Java 特有的。

Java 语言中类、对象、变量、方法等的名字用标识符（Identifier）表示。标识符是指给它们命名的符号。

Java 语言提供了 48 个关键字和 2 个保留字，它们有各自特定的含义。这些关键字和保留字不能作为标识符。

Java 语言提供了丰富的基本数据类型，主要分为整型、浮点型、字符型、布尔型。

Java 语言还提供了一系列功能齐全的运算符等，运算符是指对操作数起作用的符号，按操作数数目可分为单目运算符、双目运算符、三目运算符等；按运算符功能可分为算术运算符、赋值运算符、关系运算符、逻辑运算符、位运算符、位移运算符等。有关这些运算符的操作都是 Java 编程的基础，初学者一定要多用多练。

不仅是在 Java 语言中，在绝大多数编程语言中，都会提供 3 种基本的流程控制结构：顺序结构、分支结构、循环结构。Java 提供了 if 和 switch 两种形式的分支结构，循环结构主要包括 for、while、do…while 3 种形式，break 和 continue 两个关键字用来控制程序的循环结构。另外，从 Java 5 开始，Java 还提供了 foreach 循环，用于遍历数组和集合。

在 Java 中，数组也是一种类型，但是它不是基本数据类型，而是引用类型。Java 语言中主要通过数组引用变量对数组进行操作，包括获取数组元素中的值、获取数组长度等。

2.1 注释

注释就是对代码的解释和说明，目的是让别人和自己容易看懂这段代码的用途。规范的程序注释一般包括序言性注释和功能性注释。序言性注释主要包括模块的接口、数据的描述和模块的功能；功能性注释主要包括程序段的功能、语句的功能和数据的状态。

Java 中的注释有 3 种：单行注释、多行注释、文档注释。

2.1.1 单行注释

单行注释就是用一行文字对程序中的代码进行注释。Java 中使用//表示单行注释，//后面就是注释的内容。单行注释可以作为单独的一行放在被注释代码行的上方，也可以放在语句或表达式之后。单行注释的格式为：

```
// 这里是注释
```

例如：

```
int age = 23;  // 定义整数 age，表示年龄
```

2.1.2 多行注释

多行注释就是用多行文字对程序中的代码进行一次性注释。当注释内容过多，一行无法全部显示的时候，就需要使用多行注释。Java 中使用/* ... */表示多行注释，中间的就是注释的内容。多行注释通常说明提供文件、方法、数据结构等的意义与用途，或者描述算法。其一般位于文件或方法的前面，起到引导的作用，也可以根据需要放在合适的位置。多行注释的格式为：

```
/*
第 1 行注释
第 2 行注释
第 3 行注释
*/
```

例如：

```
/*
该布尔值变量用于表示输入/输出状态。
当值为 true（默认值）时，表示输入；当值为 false 时，表示输出。
*/
bool bRead = true;
```

2.1.3 文档注释

Java 中使用/** ... */表示文档注释。文档注释的概念在 C/C++里面是没有的，其核心思想是：当程序员写完程序后，通过 JDK 的 javadoc 命令，生成程序对应的 API 文档，便于 API 的使用者阅读、查看。API 文档的内容主要是从文档注释中提取出来的。API 文档通常以 HTML 文件的形式呈现。

在软件开发过程中，文档编写的重要程度不亚于程序代码本身，如果代码与文档是分离的，则每次修改代码时都需要修改相应的文档，这是一件很麻烦的事情。若通过 javadoc 将代码与文档"连接"起来，就可以从 Java 源文件中提取文档注释的内容，生成 HTML 格式的 API 文档。文档注释的格式为：

```
/**
第 1 行文档注释
第 2 行文档注释
第 3 行文档注释
*/
```

需要注意的是：文档注释并不是可以放在 Java 代码的任何地方的，其相应的位置说明如下。

① 类注释。用于说明整个类的功能、特性等，放在 class 类定义之前。

② 方法注释。用于说明方法的定义，包括方法的参数、返回值、作用等，放在它所描述的方法定义之前。

③ 属性注释。对公有属性和受保护属性产生文档注释。要进行文档注释的属性通常是静态常量，放在它所描述的属性定义前。

④ 包（Package）注释。在包对应的目录中添加 package.html 文件来进行注释。

另外，在 javadoc 注释中，经常需要使用@符号来描述 javadoc 标记，常用的 javadoc 标记如表 2.1 所示。

表 2.1 javadoc 标记

标记	解释
@author	作者
@version	版本
@docroot	产生文档的根路径
@deprecated	不推荐使用的方法
@param	方法的参数类型
@return	方法的返回值类型
@see	指定参考的内容
@exception	抛出的异常
@throws	抛出的异常。同 exception

下面的代码就是一个典型的关于方法的文档注释：

```
/**
 *
 * @param a
 *     被减数
 * @param b
 *     减数
 * @return
 *     返回两者的差
 */
public int sub(int a, int b) {
    return a - b;
}
```

此时，当调用者需要调用该方法时，可以看到文档注释的内容，在 Eclipse 中显示的文档注释如图 2.1 所示。

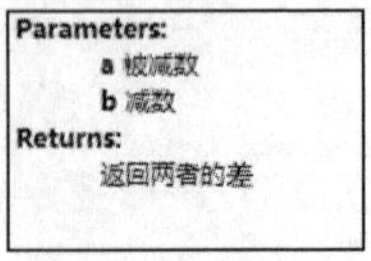

图 2.1 文档注释

2.2 标识符

标识符是指用于标识某个实体的符号，在不同的环境下有不同的含义。在 Java 中，对于类、对象、变量、方法等的名称，需要使用标识符来表示，以建立起名称与使用之间的关系。

Java 语言的标识符必须由数字、字母、_、$组成，但第一个字符不能是数字。标识符的命名规则如下。

- 数字不能作为标识符的开头。
- 除了_、$外，标识符中不可以包含空格、@、#等其他特殊符号。
- 标识符不能使用 Java 的关键字或保留字。
- 标识符的长度没有限制。

例如，$12、HelloWorld、radius、displayMessage、set_age 等都是合法的标识符，3A、x-2、7hello 就是非法的标识符，不符合上述的命名规则。当程序中出现非法的标识符时，Java 编译器会识别出来，并报告语法错误。

尽管如此，标识符命名所限定的范围还是比较宽泛的，在约定的习俗和常用的编码规范中，一般还会定义如下标识符命名的规范。

- Java 是区分大小写的，因此 hello、Hello、HELLO 分别表示不同的标识符。
- 在编码过程中，建议使用统一的命名规则。目前业界的命名规则包括驼峰命名法、匈牙利命名法、帕斯卡命名法、下画线命名法。Java 中一般建议使用驼峰命名法，就是指标识符中的每一个逻辑断点都用一个大写字母来标记。如果首字母是大写字母，则称为大驼峰法；如果首字母是小写字母，则称为小驼峰法。
- 对于类名和接口名，使用大驼峰法。就是每个单词的首字母大写，其余字母小写。例如 Test、Date、TimerTask 等。
- 对于方法名，使用小驼峰法。就是第一个单词的首字母小写，其余单词的首字母大写，其他字母小写，第一个单词通常为动词，例如 setTime、getAge、showTime 等。
- 对于变量名，使用小驼峰法。就是第一个单词的首字母小写，其余单词的首字母大写，其他字母小写，第一个单词通常不能为动词，例如 age、curTime、oldDateTime 等。
- 对于常量名，全部使用大写字母，并且单词与单词之间用下画线分割。例如 SIZE_NAME。
- 不要使用字符$命名标识符。$通常只出现在机器自动生成的源码中。

2.3 关键字

在编程领域，关键字是指预先定义好的有特别意义的标识符。

在 Java 语言中，把一些有特殊用途的单词作为关键字。Java 的关键字中，有些表示数据类型，有些表示程序的结构。

Java 共有 48 个关键字，外加 2 个保留字。Java 的关键字如表 2.2 所示。

表 2.2　　　　　　　　　　　　　　Java 的关键字

序号	关键字	序号	关键字	序号	关键字	序号	关键字
1	abstract	13	double	25	int	37	strictfp
2	assert	14	else	26	interface	38	super
3	boolean	15	enum	27	long	39	switch
4	break	16	extends	28	native	40	synchronized
5	byte	17	final	29	new	41	this
6	case	18	finally	30	package	42	throw
7	catch	19	float	31	private	43	throws
8	char	20	for	32	protected	44	transient
9	class	21	if	33	public	45	try
10	continue	22	implements	34	return	46	void
11	default	23	import	35	short	47	volatile
12	do	24	instanceof	36	static	48	while

另外，需要注意如下内容。
- Java 中所有关键字都是小写的，像 TRUE、FALSE、NULL 都不是 Java 的关键字。
- goto 和 const 是 Java 的保留字。所谓保留字，是指 Java 目前还未使用这两个单词作为关键字，但在未来的版本中可能会使用。
- Java 还提供了 3 个特殊的直接量：true、false、null。

当定义标识符（例如类名、接口名、包名、方法名、变量名等）时，上述的关键字、保留字、直接量都是不能使用的。

下面对 Java 的关键字进行简单的分类描述。

2.3.1　类和接口的关键字

Java 中，类和接口相关的关键字如表 2.3 所示。

表 2.3　　　　　　　　　　　　类和接口相关的关键字

关键字	解释
abstract	这个关键字表示抽象。标记为 abstract 的类必须通过派生类来实现；标记为 abstract 的方法则必须在派生类中重写具体的方法
class	这个关键字表示类
extends	这个关键字表示继承。只有类继承类或者接口继承接口时才会用到 extends 关键字
implements	这个关键字表示实现。只有类实现接口的时候才会用到 implements 关键字
import	这个关键字表示导入。一般会在一个文件的类、接口定义之前使用，表示导入其他的包
interface	这个关键字表示接口
package	这个关键字表示包。它只会出现在 Java 文件中第一行有效的语句前，用于声明当前文件中所定义的类属于哪个包
static	这个关键字表示静态。某类中被声明为静态的方法或属性可被该类中所有对象所共享

2.3.2　数据类型的关键字

Java 中有 8 种基本数据类型，分别对应 8 个关键字，加上表示空类型的 void，共有 9 个关键字，基本数据类型的关键字如表 2.4 所示。

表 2.4　　　　　　　　　　　　　　基本数据类型的关键字

关键字	解释
boolean	这个关键字表示布尔型
byte	这个关键字表示字节型
char	这个关键字表示字符型
double	这个关键字表示双精度浮点型
float	这个关键字表示单精度浮点型
int	这个关键字表示整型
long	这个关键字表示长整型
short	这个关键字表示短整型
void	这个关键字表示空类型，不返回任何值

2.3.3　流程控制的关键字

流程控制的关键字如表 2.5 所示。

表 2.5　　　　　　　　　　　　　　流程控制的关键字

关键字	解释
break	这个关键字表示中断。可以在 switch 语句中使用，表示中断 switch 语句的执行；也可以在 while、for 等语句中使用，表示结束循环
continue	这个关键字表示退出本次循环，继续执行下一次循环
do	这个关键字表示循环的开始。与 while 连用，表示 do...while 循环
while	这个关键字表示循环。在 do...while 循环中表示循环的结束，在 while 循环中表示循环的开始
for	这个关键字表示 for 循环的开始
if	这个关键字表示条件判断语句的开始
else	这个关键字表示否则。与 if 一起使用，当 if 的条件判断为不正确时执行 else 的语句
return	这个关键字表示返回。一般是指退出方法
switch	这个关键字表示 switch...case 语句的开始
case	这个关键字表示 switch...case 语句中一个具体的分支
default	这个关键字表示 switch...case 语句中的默认分支

2.3.4　类成员访问权限的关键字

类成员访问权限的关键字如表 2.6 所示。

表 2.6　　　　　　　　　　　　　类成员访问权限的关键字

关键字	解释
private	这个关键字表示私有。被它修饰的属性为私有类型
protected	这个关键字表示受保护。被它修饰的属性为受保护类型
public	这个关键字表示公有。被它修饰的属性为公有类型

2.3.5　类实例的关键字

类实例的关键字如表 2.7 所示。

表 2.7   类实例的关键字

关键字	解释
new	这个关键字表示创建新的实例对象
this	这个关键字表示引用当前对象
super	这个关键字表示被继承的父类

2.3.6 异常处理相关的关键字

异常处理相关的关键字如表 2.8 所示。

表 2.8   异常处理相关的关键字

关键字	解释
try	这个关键字表示尝试执行。当 try 语句中出现异常时，会终止程序的执行，并跳转到 catch 语句中来执行
catch	这个关键字表示捕获错误的语句
finally	这个关键字在 try 语句中表示完成执行。无论 try 语句中是否出现异常，最后都要执行 finally 的代码
throw	这个关键字表示抛出异常。如果由于某些因素，希望在代码中主动抛出一个异常，则应该使用该关键字
throws	这个关键字表示类可能抛出的异常。如果一个方法中出现了异常，但没有被捕获，则会在方法开始时用 throws 声明该异常，并由方法调用者负责处理该异常

2.3.7 其他关键字

其他关键字如表 2.9 所示。

表 2.9   其他关键字

关键字	解释
assert	这个关键字表示断言。一般用于单元测试中
final	这个关键字表示常量的定义。被 final 修饰的变量初始化之后就不能再改变了。Java 中的 final 与 C/C++中的 const 类似，尽管如此，Java 还是把 const 保留了下来
enum	这个关键字表示枚举
instanceof	这个关键字表示对实例的判断。用于测试一个对象是否为某个类的实例
native	这个关键字表示实现本地的方法。如果一个方法是由另外一种编程语句（C、C++、汇编语句等）实现的，该方法就需要用 native 来声明
strictfp	这个关键字代表 FP-strict，表示精确浮点。当一个类或接口用 strictfp 声明时，它内部所有的 float、double 表达式都会成为 strictfp 的
transient	这个关键字表示不持久化。用于修饰变量，当对象的序列化保存在存储器上时，若不希望有些字段数据被保存，则可以把这些字段声明为 transient
synchronized	这个关键字表示同步。synchronized 封装的代码在同一时间只能由一个线程访问
volatile	这个关键字表示线程安全。volatile 修改的属性每次被线程访问时，都强迫从共享内存中重读该属性的值；当属性发生变化时，强迫线程将变化值回写到共享内存中，使得在任何时刻，两个不同的线程总是能看到某个属性的同一个值

这里只是对各个关键字进行一些简单的描述，当后文涉及具体的技术知识点时，再进行深入的介绍。

2.4 数据类型

Java 中的每个变量和每个表达式都有一个在编译时就能确定的类型。因此所有变量都必须先声明，再使用。而当一个变量被声明后，其值的范围及其可以进行的操作就被限定了。

声明变量的语法如下：

[修饰符] 数据类型 变量名[=值];

有时，变量还可能使用其他修饰符。但无论如何，定义变量至少需要指定数据类型和变量名。数据类型可以是 Java 支持的所有数据类型。

在 Java 中，数据类型分为两种：基本数据类型、引用类型。

2.4.1 Java 的基本数据类型

Java 中的基本数据类型有 8 种，主要类型为整型、浮点型、字符型、布尔型。注意，Java 中的字符串不是基本数据类型，字符串是一个类，也就是一个引用类型。

下面详细介绍各种基本数据类型。

（1）整型

整型有 byte、short、int、long 4 种类型，如表 2.10 所示。

表 2.10　　　　　　　　　　　　　Java 中的整型

关键字	描述	长度	数据范围
byte	字节型	1 字节（8 位）	$-2^7 \sim 2^7-1$
short	短整型	2 字节（16 位）	$-2^{15} \sim 2^{15}-1$
int	整型	4 字节（32 位）	$-2^{31} \sim 2^{31}-1$
long	长整型	8 字节（64 位）	$-2^{63} \sim 2^{63}-1$

Java 中的整数常量可以用十进制、八进制、十六进制 3 种形式表示。其中八进制整数开头用 0 表示，十六进制整数开头用 0x 或 0X 表示，其中 10~15 分别用 a~f 表示。

（2）浮点型

浮点型有 float、double 两种类型，如表 2.11 所示。

表 2.11　　　　　　　　　　　　　Java 中的浮点型

关键字	描述	长度	数据范围
float	单精度浮点型	4 字节（32 位）	$-3.40E+38 \sim 3.40E+38$
double	双精度浮点型	8 字节（64 位）	$-1.79E+308 \sim 1.79E+308$

Java 浮点数遵循 IEEE 754 标准，采用二进制数据的科学记数法表示。Java 浮点数有两种表示形式。

- 十进制形式：这种形式就是常见的浮点数表现形式，例如 0.618、3.14、12.24 等。注意浮点数必须包含一个小数点，否则会被当成整数。
- 科学记数法形式：这种形式用 e（或者大写的 E）表示 10 的幂，例如 4.17e2（表示 4.17×10^2）、6.18E-1（表示 6.18×10^{-1}）。注意只有用这两种形式表示的才算是浮点数。例如 7200 是整数，而 7.2E3 才是浮点数。

另外，Java 还提供如下 3 个特殊的浮点数值，用于表示溢出或出错。

- 正无穷大：正数除以 0 将得到正无穷大。用 Double 类或者 Float 类中的 POSITIVE_INFINITY 常量属性值表示。
- 负无穷大：负数除以 0 将得到负无穷大。用 Double 类或者 Float 类中的 NEGATIVE_INFINITY 常量属性值表示。

- 非数：0 除以 0、对负数开方等，都会得到非数。用 Double 类或者 Float 类中的 NaN 常量属性值表示。

需要注意的是，Java 中所有正无穷大的值是相等的，所有负无穷大的值也是相等的，各个 NaN 的值都不相等。

（3）字符型

字符型是指 char 类型。字符型表示单个美国信息交换标准代码（American Standard Code for Information Interchange，ASCII）字符，用单引号标识。

理论上，Java 支持各种语言文字，包括中文。在 Java 中，每个汉字代表一个字符，而不是像 C 语言那样一个汉字代表两个字符。

字符型可以用 3 种形式表示。

- 通过单个字符指定字符型常量，如'A'、'0'、'我'等。
- 通过转义字符表示特殊字符型常量，如'\n'、'\t'等。
- 通过 Unicode 值表示字符型常量，如'\u××××'等。其中××××代表十六进制的整数。

其中，字符型常量、转义字符也可以采用十六进制编码的方式表示。由于 Unicode 的范围可以实现'\u0000' ~ 'uFFFF'，因此字符型一共可以描述 65 536 个字符，其中前 256 个字符（'\u0000' ~ '\u00FF'）就对应 ASCII 的字符。

另外，需要区分字符型的值与整型的值，整型的值可以为负数，但字符型的值只能为正数，即值的范围是 0 ~ 65 535，两者之间也可以进行强制类型转换。后文会具体介绍。

（4）布尔型

布尔型是指 boolean 类型。布尔型的值只有两个，即 true（表示真）和 false（表示假）。不能用 0 或者非 0 来表示。而其他基本数据类型的值也不能转换成布尔型。

布尔型的值或变量主要在流程控制代码中使用，包括 if、while、do…while、for 等，也可以在三目运算中使用。

2.4.2 Java 数据类型的转换

在 Java 中，不同数据类型的值可以相互进行转换。

Java 的 8 种基本数据类型中，除了布尔型以外，其余 7 种可以进行类型转换。其转换方式有两种：自动转换和强制转换。

当把一个数值范围小的变量赋值给另一个数值范围大的变量时，由于数值范围小的变量的范围会自动被数值范围大的变量的范围所覆盖，不存在溢出等情况，因此系统可以进行自动转换；而当把一个数值范围大的变量赋值给另一个数值范围小的变量时，可能出现溢出的情况，因此需要进行强制转换。

这 7 种数据类型可以通过如下方向进行自动类型的转换，如图 2.2 所示。

图 2.2 中，箭头左边的数据类型可以自动转换为箭头右边的数据类型，而箭头右边的数据类型如果要转换为箭头左边的数据类型，则需要进行强制转换。可以得出如下结论。

- 4 种整型之间可以进行自动类型转换或强制类型转换。
- 2 种浮点型之间可以进行自动类型转换或强制类型转换。
- 整型可以自动转换为浮点型，浮点型可以强制转换为整型。

- 字符型可以自动转换为整型、长整型，但不可以自动转换为字节型、短整型。
- 字符型可以自动转换为浮点型，浮点型可以强制转换为字符型。

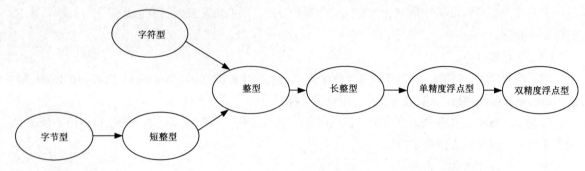

图 2.2　Java 自动类型转换的方向

数据类型之间的转换示例如下。

① 自动转换。

如果希望把图 2.2 中箭头左边的数据类型转换为箭头右边的数据类型，直接赋值就可以。

例如：
int iValue1 = 4;
long lValue1 = iValue1;

读者可自行尝试其他数据类型的自动转换。

② 强制转换。

如果希望把图 2.2 中箭头右边的数据类型转换为箭头左边的数据类型，就必须进行强制转换。当进行强制转换时，必须使用圆括号描述转换后的数据类型。语法如下：

（数据类型）变量；

其中，圆括号中指的是转换后的数据类型（箭头左边的数据类型）。由于可能出现溢出等情况，因此转换前后的值不一定相等，这点需要注意。

例如：
int iValue1 = 0x12345678;
short sValue1 = (short)iValue1;

此时转换后的变量 sValue1 的值为 0x5678，读者可以尝试进行其他数据类型的强制转换。

此外，基本数据类型转换为字符串的示例如下。

当任意基本数据类型的值与字符串进行连接运算时，基本数据类型的值将自动转换为字符串。如果希望把基本数据类型的值转换为对应的字符串，可以把该值与空字符串连接。

例如：
int a = 4;
String str = a + '';

另外，利用基本数据类型的包装类，同样可以实现基本数据类型变量与字符串之间的转换。后文还会对相关的内容进行介绍。

2.5　变量

变量是指值可以变化的量，用于存放中间结果。定义变量就是为该变量分配内存单元。变量在使用前需要进行定义或声明，并指定对应的数据类型。

在程序运行的过程中，JVM 会为程序中的变量"开辟"对应的内存单元，内存单元的大小根据变量的数据类型而定，其中的值可以根据变量的需要进行改写。

声明变量的格式如下：

[修饰符] 数据类型 变量名 [= 值]；

Java 中有很多修饰符，后文会逐一讲解。暂时先不用任何修饰符。

数据类型是指声明变量的类型，常用的是前文提到的 8 种基本数据类型，也可以是其他的引用类型。例如：

```
int age; // age（年龄）是整型
double height; // height（身高）是双精度浮点型
String username; // username（姓名）是字符串，属于引用类型
```

具体可参考例 2.1。

【例 2.1】在 Java 中声明变量，代码如下：

Example_variable_1\Declare.java

```java
public class Declare {

    public static void main(String[] args) {

        String name = "zhangsan"; //name（姓名）是字符串，属于引用类型
        int age = 23; // age（年龄）是整型
        double height = 171.8; // height（身高）是双精度浮点型
        boolean married = true; // married（婚否）是布尔型
        System.out.println("name:" + name);
        System.out.println("age:" + age);
        System.out.println("height:" + height);
        System.out.println("married:" + married);
    }
}
```

运行程序，输出结果如下：

```
name:zhangsan
age:23
height:171.8
married:true
```

这里分别定义了一个 String 类型的变量 name，值为 zhangsan；一个 int 类型的变量 age，值为 23；一个 double 类型的变量 height，值为 171.8；一个 boolean 类型的变量 married，值为 true。这些变量都可以通过 System.out.println()方法输出。

变量一般都有自己的作用域，是指从该变量声明处开始，到它所在的块结束。只有在这个范围之内访问变量才是有效的。

按作用域可将变量分为 4 种：局部变量、类变量、方法参数、异常处理参数。在一个确定的作用域中，变量名应该是唯一的。4 种变量介绍如下。

① 局部变量在方法或块代码中声明，作用域即它所在的代码块。

② 类变量在类中声明，作用域即整个类。

③ 方法参数是方法的形参，作用域即整个方法。

④ 异常处理参数是传递给异常处理代码的，作用域即异常处理部分的代码块。

参考下面的代码：

```
public class Field {

    int value1; // value1 为类变量
    public void fun2() {
        char value2; // value2 为方法中的局部变量
        ...
    }

    public void fun3(boolean value3) {
        // value3 为方法参数
        ...
    }
}
```

上述代码中，在类中定义了整型变量 value1，它是类变量，因此在整个类的方法中都可以访问；在方法 fun2() 中定义了字符型变量 value2，它是局部变量，只有在方法 fun2() 内才可以访问；在方法 fun3() 中传递了布尔型参数 value3，它是方法参数，在方法 fun3() 内可以访问。

如果在方法 fun2() 中访问 value3，或者在方法 fun3() 中访问 value2，程序就会在编译的时候报告错误。

2.6 常量

常量是指定义后一直不变的量。可以使用 final 声明常量，后文还会详细讲述，这里简单介绍一下。例如：

```
final double PI = 3.14159;
final float MAX = 0xffff;
```

还可以直接使用字面量。字面量既可以是数值，也可以是字符，甚至可以是布尔值。

（1）数值

数值是指从字面上就可以表示一个具体的数值。举例如下。

－50 表示整型数值，或者字节型数值，或者短整型数值。

50L、72l 表示长整型数值，长整型数值需要在数字后面加上大写的 L 或小写的 l，用来区分其他的数值型。

+3.14f 或 93.24F 表示单精度浮点型数值，单精度浮点型需要在数字后面加上大写的 F 或小写的 f，用来与双精度浮点型数值进行区分。

2.718 表示双精度浮点型数值，双精度浮点型数值可以在数字后面加上大写的 D 或小写的 d，也可以不加。

浮点型数值也可以用科学记数法表示，例如 1.63E－2，表示 0.0163。

0123 表示一个八进制数值，八进制数值前面需要加上数字 0。

0x16 或 0Xff 表示一个十六进制数值，十六进制数值前面需要加上 0X 或 0x。

（2）布尔值

布尔值只有 true 和 false 两个值，分别表示逻辑上的真和假。

需要注意：判断一个变量 value 是否为 true，要写成 if(value)而不要写成 if(value == true)。true 和 false 是不能使用==运算符的。

（3）字符

字符使用单引号标识，表示一个字符。例如'a'、'M'、'8'、'_'等。

另外，对于一些特殊字符，需要通过反斜线进行转义。Java 中的转义字符如表 2.12 所示。

表 2.12　　　　　　　　　　　Java 中的转义字符

转义字符	含义	转义字符	含义
\n	换行符	\'	输出单引号
\t	制表符	\"	输出双引号
\b	退格符	\d	输出八进制数
\r	回车符	\xd	输出十六进制数
\f	换页符	\ud	Unicode 字符集
\\	输出反斜线\		

（4）字符串

字符串使用双引号标识，表示一串字符。例如"hello"、"China"、"020-61234567"等。

字符与字符串的使用有如下需要注意的内容。

- 单引号用于标识字符。单引号中的字符只能有一个，表示单个字符，不能有两个以上的字符，也不能没有字符。例如'hello'、'hi'、''都是错误的书写方式。
- 双引号用于标识字符串。双引号中的字符可以有一个、两个或多个，甚至可以没有字符。例如"hello"、"hi"、""。
- 'a'和"a"是不一样的，前者表示单字符 a，后者表示字符串，该字符串长度为 1，其中只有一个字符 a。

2.7　运算符

运算符是指对操作数起作用的符号，按操作数数目可分为单目运算符、双目运算符、三目运算符；按运算符功能可分为算术运算符、赋值运算符、关系运算符、逻辑运算符、位运算符、位移运算符、其他运算符。

下面按功能来逐一介绍各种运算符。

2.7.1　算术运算符

在算术运算符中，单目运算符有：+（取正）、-（取负）、++（自增 1）、--（自减 1）。双目运算符有：+（加）、-（减）、*（乘）、/（除）、%（求余数）。

注意，+和-既可以表示取正和取负，也可以表示加和减。它们在不同的地方使用会有不同的效果。例如：

```
int a = +4;
int b = -a;
```

上述代码中的+和-，由于只对应一个操作数，因此表示取正和取负。

```
int a = 12 + 4;
```

```
int b = 10 - a;
```
上述代码中的+和-，由于对应两个操作数，因此表示加和减。

另外，在算术运算符中，还有一个三目运算符?:。其用法为：

表达式 ? 值1 : 值2

上述代码中，第一个操作数位于?前，第二个操作数位于?和:之间，第三个操作数位于:后，该代码表示当表达式值为 true 或者非 0 时，选择值 1，否则选择值 2。例如：

```
int a = 5;
int b = 4;
int max = a > b ? a : b;
```

这里由于 a>b 的值为 true，因此 max 的值取 a，即值为 5。

2.7.2 赋值运算符

Java 中的赋值运算符都是双目运算符，又分为简单的赋值运算符和复合的赋值运算符。

简单的赋值运算符是指=。与其他运算符相比，它的优先级比较低，因此对它的运算通常会放到最后。它的作用是将一个表达式的值赋给一个左值。所谓的左值是指能用于赋值运算左边的表达式，它必须能够被修改，不能是常量。

复合的赋值运算符，又称为带有运算的赋值运算符，也叫赋值缩写，包括+=（加赋值）、-=（减赋值）、*=（乘赋值）、/=（除赋值）、%=（求余赋值）、&=（按位与赋值）、|=（按位或赋值）、^=（按位异或赋值）、<<=（左移赋值）、>>=（右移赋值）等。

2.7.3 关系运算符

Java 中的关系运算符有 6 个，分别为：>（大于）、>=（大于等于）、<（小于）、<=（小于等于）、==（等于）、!=（不等于）。

这 6 个关系运算符都是双目运算符，运算结果正确为 true，不正确则为 false。

2.7.4 逻辑运算符

Java 中的逻辑运算符包括：&&（逻辑与）、||（逻辑或）、!（逻辑非）。

① &&是双目运算符，运算时如果两个操作数都为 true，则结果为 true，否则结果为 false。

② ||是双目运算符，运算时如果两个操作数都为 false，则结果为 false，否则结果为 true。

③ !是单目运算符，运算时如果操作数为 true，则结果为 false；如果操作数为 false，则结果为 true。

逻辑运算符通常在流程控制语句（例如 if、while、do...while 等）中使用。

2.7.5 位运算符

Java 中的位运算符包括：&（按位与）、|（按位或）、^（按位异或）、~（按位非）。

① &是双目运算符，运算时把两个操作数转换为二进制数后再进行比较，当相同位上均为 1 时，该位的结果为 1，否则为 0。例如 10&9，转换为二进制数后即$(1010)_2$&$(1001)_2$，结果为$(1000)_2$，即 8。

② |是双目运算符，运算时把两个操作数转换为二进制数后再进行比较，当相同位上均为 0 时，该

位的结果为 0，否则为 1。例如 10|9，转换为二进制数后即(1010)$_2$|(1001)$_2$，结果为(1011)$_2$，即 11。

③ ^是双目运算符，运算时把两个操作数转换为二进制数后再进行比较，当相同位上的值相等时，该位的结果为 0，否则为 1。例如 10^9，转换为二进制数后即(1010)$_2$^(1001)$_2$，结果为(0011)$_2$，即 3。按位异或也称为"不进位加法"。

④ ~是单目运算符，运算时把操作数转换为二进制数后取反，即 1 变为 0，0 变为 1。注意，默认情况下是按 int 类型所占的字节数（4 字节）转换的，因此~0 的结果是 0xffff。

2.7.6 位移运算符

Java 中的位移运算符有 3 个，分别为<<（带符号左移）、>>（带符号右移）、>>>（无符号右移）。它们都是双目运算符，目的是把左边的操作数左移或右移指定的位数，具体的位数由右边的操作数决定。

2.7.7 其他运算符

除了上面介绍的运算符以外，Java 还有一个特殊的运算符 instanceof，注意它同时也是关键字。该运算符是双目运算符，左边的操作数是一个对象，右边的操作数是一个类。当左边的对象是右边的类创建的实例时，该运算结果为 true，否则为 false。

2.7.8 运算符的优先级

Java 中各运算符的优先级如表 2.13 所示。

表 2.13　　　　　　　　　　Java 中各运算符的优先级

优先级	运算符	运算的方向
1	()、[]	从左到右
2	!、+（正）、-（负）、~、++、--	从右到左
3	*、/、%	从左到右
4	+（加）、-（减）	从左到右
5	<<、>>、>>>	从左到右
6	<、<=、>、>=、instanceof	从左到右
7	==、!=	从左到右
8	&	从左到右
9	^	从左到右
10	|	从左到右
11	&&	从左到右
12	||	从左到右
13	?:	从右到左
14	=、+=、-=、*=、/=、%=、&=、|=、^=、~=、<<=、>>=、>>>=	从右到左

针对该表简单说明如下。
- 该表中的运算符，越往上的优先级越高，越往下的优先级越低。
- 优先级高的运算符先起作用。例如 a=2+3*4，由于*（乘）的优先级比+（加）高，所以先计算乘法，后计算加法，结果 a 的值为 14。
- 如果是优先级相同的运算符，运算顺序根据结合性决定。

- +和-，作为取正和取负，优先级为 2；作为加和减，优先级为 4。

注意，圆括号的优先级最高。因此实际编程时，程序员没有必要强行记忆各种运算符的优先级，只要在合适的地方添加圆括号，即可实现想要的运算次序。

2.8 流程控制结构

一般编程语言都有 3 种流程控制结构：顺序结构、分支结构、循环结构。

顺序结构就是指一条一条语句逐行执行。Java 中，一般以分号（;）作为一条语句的结束。程序的执行一般会从 main() 方法开始，如果"碰到"其他方法的调用，则跳转到该方法。

下面重点介绍分支结构和循环结构。

2.8.1 分支结构

Java 的分支结构有两种，即 if 和 switch，用于分支的选择和执行。

1. if

Java 中的 if 语句有 3 种形式。

（1）第一种形式：if...。格式如下：

```
if (表达式) {
    语句 1;
}
```

具体可参考例 2.2。

【例 2.2】使用 if 语句判断分数是否大于等于 60，是则输出"及格"，代码如下：

Example_if_1\Test.java
```
public class Test {
    public static void main(String[] args) {
        System.out.print("请输入分数：");
        Scanner scanner = new Scanner(System.in);
        int score = scanner.nextInt();
        if(score >= 60) {
            System.out.println("及格");
        }
    }
}
```

运行程序，如果输入 72，则结果如下：

请输入分数：72

及格

如果输入 52，则结果如下：

请输入分数：52

可以看到，只有在分数大于等于 60 的情况下，才会输出"及格"，否则不输出任何信息。

（2）第二种形式：if...else...。格式如下：

```
if (表达式) {
    语句 1;
```

```
} else {
    语句2;
}
```
具体可参考例 2.3。

【例 2.3】使用 if...else 语句判断分数是否大于等于 60，是则输出"及格"，否则输出"不及格"，代码如下：

Example_if_2\Test.java
```
public class Test {

    public static void main(String[] args) {
        System.out.print("请输入分数：");
        Scanner scanner = new Scanner(System.in);
        int score = scanner.nextInt();
        if(score >= 60) {
            System.out.println("及格");
        } else {
            System.out.println("不及格");
        }
    }
}
```

运行程序，如果输入 72，则结果如下：

请输入分数：72
及格

如果输入 52，则结果如下：

请输入分数：52
不及格

可以看到，在分数大于等于 60 的情况下会输出"及格"，否则输出"不及格"。

（3）第三种形式：if...else if ... else ....。格式如下：

```
if (表达式) {
    语句1;
} else if (表达式) {
    语句2;
}
... // 这里可以有多个 else if
else {
    语句N;
}
```

具体可参考例 2.4。

【例 2.4】使用 if...else if...else 语句对分数进行判断，根据不同的范围输出不同的结果，代码如下：

Example_if_3\Test.java
```
public class Test {

    public static void main(String[] args) {
        System.out.print("请输入分数：");
        Scanner scanner = new Scanner(System.in);
        int score = scanner.nextInt();
        if(score >= 90) {
            System.out.println("优秀");
```

```
            } else if(score >= 80) {
                System.out.println("良好");
            } else if(score >= 70) {
                System.out.println("中等");
            } else if(score >= 60) {
                System.out.println("及格");
            } else {
                System.out.println("不及格");
            }
        }
    }
```

运行程序，如果输入 72，则结果如下：

请输入分数：72

中等

如果输入 52，则结果如下：

请输入分数：52

不及格

可以看到，程序根据输入分数值的不同，会输出有关等级的不同结果。

注意：不管是哪种形式，表达式的值只能是 true 或 false。另外，即使某个分支中只有一条语句，也不建议省略 if 或者 else 后面的花括号，以免引起不必要的"混乱"。

2. switch

switch 语句的格式如下：

```
switch (表达式) {
case 值：
    语句1；
    break;
case 值：
    语句2；
    break;
... // 这里可以有多个 case
default:
    语句N；
    break;
}
```

一般来说，编写 switch 语句，需要注意其以下特点。

- 根据 Java 常用的编码规范，case 与 switch 是对齐的，不需要缩进。
- 不一定每条 case 语句中都有 break，如果有，则该 case 语句中的代码被执行后将退出整个 switch...case 语句；如果没有，则继续执行下一个 case 中的代码。
- switch 中一般需要加上 default，表示除所有 case 以外的其他情况，但特殊情况下可以不加。
- default 一般建议放在最后，但特殊情况下可以放在中间，也可以不写。
- 只有表达式的值与具体 case 的值相等时，相应 case 中的代码才会执行。反过来说，case 中只能实现==的判断，无法实现>、>=、<、<=的判断。

这里需注意，既然 case 无法实现>、>=、<、<=的判断，那么如果把例 2.4 改用 switch 来写，程序就需要按照下面的方式写。具体可参考例 2.5。

【例 2.5】使用 switch...case 语句对分数进行判断，根据不同的范围输出不同的结果，代码如下：

Example_switch_1\Test.java

```java
public class Test {
    public static void main(String[] args) {
        System.out.print("请输入分数：");
        Scanner scanner = new Scanner(System.in);
        int score = scanner.nextInt();
        switch(score / 10) {
            case 10:
            case 9:
                System.out.println("优秀");
                break;
            case 8:
                System.out.println("良好");
                break;
            case 7:
                System.out.println("中等");
                break;
            case 6:
                System.out.println("及格");
                break;
            case 5:
            case 4:
            case 3:
            case 2:
            case 1:
            case 0:
                System.out.println("不及格");
                break;
            default:
                System.out.println("输入有误");
                break;
        }
    }
}
```

运行程序，如果输入 72，则结果如下：

请输入分数：72
中等

如果输入 52，则结果如下：

请输入分数：52
不及格

可以看到，程序根据输入分数值的不同，会输出有关等级的不同结果。

2.8.2 循环结构

在实际应用中，程序员经常不可避免地会遇到很多重复性的操作，此时就需要在程序中重复执行某些语句。这种重复执行语句的结构就称为循环结构。循环结构一般会有一个退出循环的条件，即满足某种特殊的情况时，循环不再继续。

循环结构又分为当型循环和直到型循环两种。当型循环是指每次执行循环体之前先对控制条件进行判断，当条件满足时，再执行循环体，不满足时则停止；直到型循环是指先执行一次循环体，再对控制条件进行判断，条件满足时重复执行循环体，条件不满足时则停止。

注意当型循环中的循环体有可能一次也不会执行；直到型循环中的循环体则至少需要执行一次。

1. 常用的循环语句

Java 中的循环语句一般包括 while、do...while、for 等。

（1）while 循环

while 循环属于当型循环。当条件表达式的值为 true 时，while 代码块中的语句将重复执行。它的语法格式如下：

```
while(条件表达式) {
    循环体;
}
```

while 循环的流程图如图 2.3 所示。

while 循环的特点是：每次执行循环体之前，都要对条件表达式进行判断。只要条件表达式的值为 true，循环体就一直被执行；当条件表达式的值变为 false 时，程序将退出循环体的执行。具体可参考例 2.6。

【例 2.6】使用 while 循环多次输出 hello 字符串，代码如下：

Example_while_1\Test.java
```java
public class Test {
    public static void main(String[] args) {
        int times = 10;
        while(times > 0) {
            System.out.println("hello");
            times--;
        }
    }
}
```

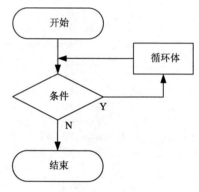

图 2.3　while 循环的流程图

运行程序，输出结果如下：

```
hello
hello
hello
hello
hello
hello
hello
hello
hello
hello
```

特殊情况下，如果条件表达式的初始值为 false，则循环体中的内容有可能一次都不会执行。例如把上面 times 的初始值改为 0。

```
int times = 0;
while(times > 0) {
    System.out.println("hello");
    times--;
}
```

另外需要注意的是，while 对应语句后面是没有分号的，而循环体中每行的最后是有分号的。

（2）do...while 循环

do...while 循环与 while 循环比较类似，但它属于直到型循环，直到条件表达式的值不为 true，才退出循环。它的语法格式如下：

```
do {
    循环体;
} while(条件表达式);
```

do...while 循环的流程图如图 2.4 所示。

do...while 循环的特点是：每次执行循环体之后，都要对条件表达式进行判断。只要条件表达式的值为 true，循环体就一直被执行；直到条件表达式的值变为 false，程序才退出循环体的执行。

对例 2.6 的代码进行简单的修改，把 while 循环修改为 do...while 循环，将输出 11 行的 hello。具体可参考例 2.7。

【例 2.7】使用 do...while 循环多次输出 hello 字符串，代码如下：

Example_dowhile_1\Test.java
```java
public class Test {
    public static void main(String[] args) {
        int times = 10;
        do {
            System.out.println("hello");
            times--;
        }while(times > 0);
    }
}
```

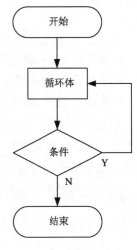

图 2.4　do...while 循环的流程图

运行程序，输出结果如下：

```
hello
hello
hello
hello
hello
hello
hello
hello
hello
hello
```

特殊情况下，如果表达式的初始值为 false，则循环体中的内容至少要执行一次。例如把上面 times 的初始值改为 0。

```
int times = 0;
do {
    System.out.println("hello");
    times--;
}while(times > 0);
```

这也是 while 循环与 do...while 循环的区别。while 循环是先判断再循环，do...while 循环是先循环再判断。

另外需要注意的是，do...while 循环中的 while 对应语句后面是有分号的。

（3）for

for 循环也属于当型循环，由于它较好地体现了循环的初始值、循环的条件、循环变量的更新，因此它的用途非常广，有很多程序员喜欢使用 for 循环。它的语法格式如下：

```
for(表达式1;表达式2;表达式3) {
    循环体;
}
```

for 循环控制语句中有 3 个表达式，分别描述如下。
- 表达式 1：一般为赋值表达式，用于为控制变量赋初始值。
- 表达式 2：一般为逻辑表达式，用于控制循环的条件。
- 表达式 3：一般为赋值表达式，用于控制变量的增加或减少。

当 for 语句执行时，首先通过表达式 1 为变量赋初始值；然后判断表达式 2 的值是否为 true，若条件为 true，满足循环条件，则执行循环体；然后执行表达式 3，进入第二次循环，再判断表达式 2 的值是否为 true，如此循环下去；若表达式 2 的值为 false，则直接退出循环。

for 循环的流程图如图 2.5 所示。

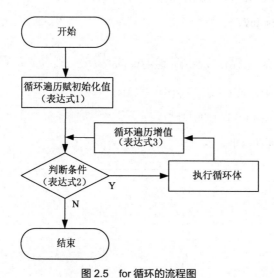

图 2.5　for 循环的流程图

对例 2.6 的代码进行简单的修改，现在将其改为 for 循环的格式，具体可参考例 2.8。

【例 2.8】使用 for 循环多次输出 hello 字符串，代码如下：

Example_for_1\Test.java
```java
public class Test {

    public static void main(String[] args) {

        for(int times = 10; times > 0; times--) {
            System.out.println("hello");
        }
    }
}
```

运行程序，输出结果如下：
```
hello
```

```
hello
hello
hello
hello
hello
hello
hello
hello
hello
hello
```

有时，程序员可以根据实际的需要，省略 for 循环的 3 个表达式中的任意一个。

如果要省略表达式 1，就需要把表达式 1 前移，如下：

```
int times = 10;
for(; times > 0; times--) {
    System.out.println("hello");
}
```

如果要省略表达式 2，就需要在循环体中添加 break 语句（一般是添加到循环体最开始的部分），使程序在合适的条件下能够退出循环。

```
for(int times = 10; ; times--) {
    if (times > 0) {
        break;
    }
    System.out.println("hello");
}
```

如果要省略表达式 3，就需要把表达式 3 移动到循环体内（一般是移动到循环体的最后部分）。

```
for(int times = 10; times > 0;) {
    System.out.println("hello");
    times--;
}
```

甚至可以把表达式 1、表达式 2、表达式 3 同时省略，按照上面所介绍的方法进行修改如下：

```
int times = 10;
for(;;) {
    if (times > 0) {
        break;
    }
    System.out.println("hello");
    times--;
}
```

由此可见，for 循环的使用是非常灵活的。

2. 退出循环

在前面的例子中，循环会一直执行，直到条件为 false 时才会退出。如果在循环执行过程中，已经得到想要的结果，此时希望提前退出循环，该怎么办呢？

Java 提供了 break、continue 等语句可用于这种情形。

（1）break 语句

break 语句用于终止并退出循环。在 while、do…while、for 循环中，都可以使用 break 语句。如果在嵌套循环中的内循环中使用了 break 语句，则会退出内循环，执行外循环。

具体可参考例 2.9。

【例 2.9】在循环中，通过 break 语句退出循环，代码如下：

Example_break_1\Test.java
```java
public class Test {
    public static void main(String[] args) {
        // while 循环中的 break 语句
        String str1 = "Hello,World";
        int index = 0;
        while (index < str1.length()) {
            char c = str1.charAt(index);
            index++;
            if(c == ',') {
                break;
            }
            System.out.print(c);
        }
        System.out.println();

        // for 循环中的 break 语句
        String str2 = "Hello,World";
        for (int i = 0; i < str2.length(); i++) {
            char c = str2.charAt(i);
            if (c == ',') {
                break;
            }
            System.out.print(c);
        }
        System.out.println();
    }
}
```
运行程序，输出结果如下：
```
Hello
Hello
```
在例 2.9 中，程序会执行循环体并输出字符串中的字符，当遇到 break 语句时，退出 for 循环和 while 循环。

（2）continue 语句

continue 语句用于跳过当前循环的剩余语句，然后继续下一次循环。在 while、do…while、for 循环中，都可以使用 continue 语句。

具体可参考例 2.10。

【例 2.10】在循环中，通过 continue 语句跳过当前循环，进入下一次循环，代码如下：

Example_continue_1\Test.java
```java
public class Test {
    public static void main(String[] args) {
        // while 循环中的 continue 语句
        String str1 = "Hello,World";
        int index = 0;
        while (index < str1.length()) {
            char c = str1.charAt(index);
            index++;
            if(c == ',') {
                continue;
            }
```

```java
            System.out.print(c);
        }
        System.out.println();

        // for 循环中的 continue 语句
        String str2 = "Hello,World";
        for (int i = 0; i < str2.length(); i++) {
            char c = str2.charAt(i);
            if (c == ',') {
                continue;
            }
            System.out.print(c);
        }
        System.out.println();
    }
}
```

运行程序，输出结果如下：
HelloWorld
HelloWorld

例 2.10 中，程序会执行循环体并输出字符串中的字符，当遇到 continue 语句时，跳过 for 和 while 的当前循环，进入下一次循环。

与 break 语句相比，continue 语句只是跳过一次循环，不会"跳出"整个循环。

2.9 数组

在 Java 中，数组也是一种类型，但是它不是基本数据类型，而是引用类型。

数组中的每个元素具有相同的数据类型，实际应用中经常需要处理一些数据类型相同的数据。例如对一个班上 40 个学生的分数进行排序，若使用前文介绍的变量逐个定义就很麻烦，此时就可以使用数组。

在数组中，所有的元素具有相同的名称，并通过不同的索引来唯一标识。索引是整型值，其中数组的第一个元素的索引为 0，第二个元素的索引为 1，依此类推。

2.9.1 数组的声明

声明数组的目的在于说明数组变量的名称和数组元素的数据类型。

声明数组的格式有以下两种：

数据类型[] 数组名；
数据类型 数组名[]；

其中数据类型可以为 Java 中任意的数据类型，即基本数据类型和引用类型；而数组名需要符合标识符的命名规则。

虽然一般学过 C 语言的读者比较习惯第二种格式，但 Java 官方更推荐使用第一种格式。因此，Java 程序员应该习惯使用第一种格式。

2.9.2 数组的初始化

上面数组的声明仅说明了数组的名称和数据类型。但如果只是这样写，数组在内存空间中并没有分配空间。如果希望数组在内存空间中分配空间，还必须定义数组的大小和具体内容，就是对数组进行初始化。

数组的初始化有静态初始化和动态初始化两种方式。

数组静态初始化就是在声明和定义数组的同时，给数组元素赋值。由程序员显式指定每个数组元素的初始值，并由系统决定数组的长度。

格式为：

数据类型[] 数组名 = new 数据类型[] {数组元素1, 数组元素2, ...};

或

数据类型[] 数组名 = {数组元素1, 数组元素2, ...};

例如：

以下代码表示数组的长度为3，且arr1[0]=2、arr1[1]=3、arr1[2]=5。

```
int[] arr1 = new int[] {2, 3, 5};
```

以下代码表示数组的长度为3，且arr2[0]=" C++"、arr2[1]="Java"、arr2[2]="Python"。

```
String[] arr2 = {"C++", "Java", "Python"};
```

数组动态初始化则是先声明和定义数组，再赋值。定义数组时，程序员只指定数组的长度，并由系统为数组元素分配初始值，格式为：

数据类型[] 数组名 = new 数据类型[数组长度];

其中，数组长度表示数组元素的个数，其值必须是整数。

例如，以下代码表示定义长度为3的数组，此时系统会自动分配3个整数长度的内存空间给scores变量。

```
int[] scores = new int[3];
```

当定义数组后，系统就为每个数组元素按如下规定指定初始值。

- 整型（byte、short、int、long）：初始值为0。
- 浮点型（float、double）：初始值为0.0。
- 字符型（char）：初始值为'\u0000'，即ASCII值为0。
- 布尔型（boolean）：初始值为false。
- 引用类型：初始值为null。

需特别注意的是，字符串是属于引用类型的，因此动态初始化的字符串数组，初始值是null，而不是""。

然后，就可以对数组中的各个元素逐一进行赋值了。

```
scores[0] = 87;
scores[1] = 73;
scores[2] = 96;
```

2.9.3　数组的访问

通过[ ]可以访问数组中的元素。访问方式为：

数组名[索引]

索引是一个整型数值，其范围为0到数组长度值减1。

例如：

```
int[] arr1 = new int[] {1, 1, 2, 3, 5, 8, 13};
System.out.println(arr1[2]);
```

这里 arr1 数组的长度值为 7，所以索引值的范围为 0～6。

2.9.4 数组的遍历

遍历数组不可避免地要使用循环。除了 while、do…while、for 循环以外，从 Java 5 开始，Java 还提供了一个 foreach 的方法，用于遍历数组和集合（foreach 遍历集合的方法在后文会具体介绍）。作为 Java 程序员，可优先考虑使用 foreach 方法遍历数组。

foreach 的格式如下：

```
for (数据类型 临时变量 : 数组或集合) {
    // 通过临时变量自动遍历访问每个元素
}
```

其中，数据类型是指数组中每个元素的数据类型，其作用域为 foreach 循环。foreach 循环会自动为数组中的每个元素依次赋值。

例如：

```
String[] subjects = {"语文", "数学", "英语", "物理"};
for (String subject : subjects) {
    System.out.println(subject);
}
```

下面描述了 for 与 foreach 两种遍历数组的方法的具体代码实现。具体可参考例 2.11。

【例 2.11】使用 for 循环和 foreach 循环遍历数组，代码如下：

Example_array_1\Test.java

```java
public class Test {

    public static void main(String[] args) {

        String[] subjects = {"语文", "数学", "英语", "物理"};
        // for 循环遍历数组
        for (int i = 0; i < subjects.length; i++) {
            System.out.println(subjects[i]);
        }

        // foreach 循环遍历数组
        for (String subject : subjects) {
            System.out.println(subject);
        }
    }
}
```

运行程序，输出结果如下：

语文
数学
英语
物理
语文
数学

英语
物理

可以看到，foreach 循环比 for 循环的代码编写量更小，实现起来更方便。因此建议 Java 程序员在可能的情况下优先考虑使用 foreach 循环。

2.9.5 二维数组

带有两个索引的数组称为二维数组。在矩阵运算、表格数据处理中都会用到二维数组。
二维数组与一维数组类似，也可以进行声明、定义，并进行静态初始化和动态初始化。
声明二维数组可以有下面两种格式：

数据类型[][] 数组名;
数据类型 数组名[][];

当然，作为 Java 程序员，应该习惯使用第一种格式。
二维数组定义的格式如下：

数组名 = new 数据类型[行的长度][列的长度];

或

数据类型[][] 数组名 = new 数据类型[行的长度][列的长度];

其中，行/列的长度为整数，便于理解数组有几行几列。
一旦定义了二维数组，系统就会自动给各个元素赋初始值。用下列方法对二维数组进行初始化：

int[][] arr = {{1, 2, 3}, {4, 5, 6}};

这样相当于定义了二维数组 arr[2][3]，数组有 2 行 3 列，共 6 个元素。其中 arr[0][0]=1，arr[0][1]=2，arr[0][2]=3，arr[1][0]=4，arr[1][1]=5，arr[1][2]=6。
另外还可以从高维度开始，给每一个维度分配空间。

```
String[][] s = new String[2][];
s[0] = new String[2];
s[1] = new String[2];
s[0][0] = "C++";
s[0][1] = "Java";
s[1][0] = "HTML5";
s[1][1] = "Python";
```

注意：必须先从较高的维度开始分配空间，否则程序会报错。
二维数组中每一行的长度可以相同，也可以不同。可以使用如下代码生成不同长度的二维数组。

```
int[][] values = new String[3][];
values[0] = new String[3];
values[1] = new String[4];
values[2] = new String[5];
```

这里定义的二维数组共 3 行。其中，第一行元素的个数为 3，第二行元素的个数为 4，第三行元素的个数为 5。

int[][] vars = {{1, 2, 3}, {4}, {7, 8}};

这里的二维数组同样是 3 行，第一行元素的个数为 3，第二行元素的个数为 1，第三行元素的个数为 2。

一般情况下，二维数组就够用了。当然也可以声明三维甚至更多维度的数组。读者可以根据实际情况灵活处理。

2.10 习　　题

一、选择题

1. 下列表示新建一个二维数组的语句是（　　）。
   A. int[]a[]=new int[2][2];　　　　　　B. int[]a[]=[2][2];
   C. int[2][2] arr=new int[][];　　　　　D. int[][] arr=new [2][2];
2. 运算符优先级排序正确的是（　　）。
   A. 由高向低分别是：()、!、算术运算符、关系运算符、逻辑运算符、赋值运算符
   B. 由高向低分别是：()、关系运算符、逻辑运算符、算术运算符、赋值运算符、!
   C. 由低向高分别是：=、逻辑运算符、&、!、()、关系运算符、赋值运算符
   D. 由低向高分别是：=、()、&&、逻辑运算符、赋值运算符、算术运算符
3. 下列程序输出的结果是（　　）。
```
public class Test {
    public static void main(String args[]) {
        int a = 6;
        System.out.print(a);
        System.out.print(++a);
        System.out.print(a++);
    }
}
```
   A. 666　　　　　B. 676　　　　　C. 677　　　　　D. 667
4. 下列程序输出的结果是（　　）。
```
public class Test {
    public static void main(String[] args) {
        for (int i = 4; i > 0; i--) {
            int j = 0;
            do {
                j++;
                if (j == 4) {
                    break;
                }
            } while (j <= i);
            System.out.print(j);
        }
    }
}
```
   A. 4444　　　　B. 4321　　　　C. 1234　　　　D. 4432
5. 下列程序输出的结果是（　　）。
```
public class Test {
    public static void main(String[] args) {
        int i = 0;
        do {
            switch (i) {
```

```
            case 0:
            case 3:
                i = i + 1;
            case 1:
            case 2:
                i = i + 2;
            default:
                i = i + 3;
            }
        } while (i < 6);
        System.out.print(i);
    }
}
```

  A. 4   B. 5   C. 6   D. 7

二、填空题

1. 假设 int i=2，那么表达式(i++)/3 的值为_____。

2. java.lang 包中的 Integer 类调用_____可以将 "123" 字符串类型转换为整型。

3. 下列程序输出的结果是_____。
```java
public class Test {
    public static void main(String args[]) {
        int i = 0, j = 0;
        while (i < 5) {
            if (i % 3 == 0) {
                i++;
                continue;
            }
            i++;
            j = j + i;
        }
        System.out.print(j);
    }
}
```

4. 下列程序中，要求输出结果为 java，则空白处要填写的代码为_____。
```java
public class Test {
    public static void main(String args[]) {
        String[] array = {"a","v","a","j"};
        _____
    }
}
```

5. 下列程序中，要求遍历并输出数组中的数据，则空白处要填写的代码为_____。
```java
public class Test {
    public static void main(String args[]) {
        int[] arry = new int[3];
        arry[0] = 1;
        arry[1] = 2;
        arry[2] = 3;
        
        _____
    }
}
```

三、编程题

1. 输出九九乘法表，使用正三角形和倒三角形的形式输出。要求输出结果如下：

```
1*1=1
1*2=2   2*2=4
1*3=3   2*3=6   3*3=9
1*4=4   2*4=8   3*4=12  4*4=16
1*5=5   2*5=10  3*5=15  4*5=20  5*5=25
1*6=6   2*6=12  3*6=18  4*6=24  5*6=30  6*6=36
1*7=7   2*7=14  3*7=21  4*7=28  5*7=35  6*7=42  7*7=49
1*8=8   2*8=16  3*8=24  4*8=32  5*8=40  6*8=48  7*8=56  8*8=64
1*9=9   2*9=18  3*9=27  4*9=36  5*9=45  6*9=54  7*9=63  8*9=72  9*9=81

1*9=9   2*9=18  3*9=27  4*9=36  5*9=45  6*9=54  7*9=63  8*9=72  9*9=81
1*8=8   2*8=16  3*8=24  4*8=32  5*8=40  6*8=48  7*8=56  8*8=64
1*7=7   2*7=14  3*7=21  4*7=28  5*7=35  6*7=42  7*7=49
1*6=6   2*6=12  3*6=18  4*6=24  5*6=30  6*6=36
1*5=5   2*5=10  3*5=15  4*5=20  5*5=25
1*4=4   2*4=8   3*4=12  4*4=16
1*3=3   2*3=6   3*3=9
1*2=2   2*2=4
1*1=1
```

2. "百鸡百钱"问题。有公鸡、母鸡、小鸡共3种鸡，已知公鸡5文钱一只，母鸡3文钱一只，小鸡3只一文钱。现在买100只鸡共花了100文钱，问公鸡、母鸡、小鸡各买了多少只。编写程序，输出可能的结果。

3. 水仙花数是指一个三位数，它的各位数的3次方之和等于它本身。

例如153是一个水仙花数，因为 $153 = 1^3 + 5^3 + 3^3$。

编写程序，输出所有的水仙花数。

4. 斐波那契数列的特点是：前两个数是0和1，从第3个数开始，每个数是前两个数之和。编写程序，要求输出斐波那契数列的前20个数。即输出结果为：

0 1 1 2 3 5 8 13 21 34 55 89 144 233 377 610 987 1597 2584 4181

5. 假设有一个数组，其元素分别为1, 3, 33, 13, 63, 53, 23, 73。编写程序，输出数组中的最大值和最小值。

6. 假设有一个数组，元素分别为1,2,3,4,5。编写程序，逆向输出数组的值。

7. 假设有排好序的数组（升序或降序），现在输入一个数，编写程序，使得该数按照原来排序的规律添加到数组中。

8. 编写程序，输入一个正整数，对该数进行分解质因数操作，如输入120，输出 120=2*2*2*3*5。

第 3 章　Java 面向对象入门

学习目标

了解面向对象的基本思想，熟悉类、对象、属性、方法的概念并能熟练运用。
掌握构造器的使用方法。
了解初始化块的概念。
了解内部类的使用方法。
掌握 this 关键字的使用方法与技巧。

Java 是一门面向对象的编程语言。在 Java 面向对象编程中，类是基本组成模块，用于描述某一类事物。在类的定义中，通常需要描述类的属性和方法，属性用于描述事物的状态，方法用于描述事物的行为。

当类的对象被创建时，可能还需要根据实际情况对它进行一些初始化操作，此时需要实现类的构造器和初始化块。

可以在类的代码中定义另外一个类，其被称为内部类。内部类一般从属于外部类，是外部类中一个独立的组成模块。

如果在类的方法或者构造器中，需要描述当前类的对象，则可以使用 this 关键字。

3.1　面向对象思想

一般来说，编程较常用的思想有两种，一种是面向过程，另一种是面向对象。这两种编程思想存在于大部分编程语言中，它们都是对软件进行分析、设计、开发的思想。

早期的计算机编程都是面向过程的。随着计算机技术的不断发展，需要解决的技术问题越来越复杂。面向过程的缺点和弊端越来越明显，而通过面向对象的思想，将现实世界的事物与关系抽象成类，帮助人们建立模型，更有助于人们理解整个系统，并对之进行分析、设计、编程。

面向过程的思想一般会按照步骤一步一步来实现，并最终实现目标功能。该思想更适合一些任务简单、不需要合作的事务操作。但是当我们思考一些复杂问题的时候，就会发现仅列出一个个的步骤是不太现实的，因为各个步骤需要协作才能完成。面向对象的思想则更契合人类的思维模式，我们会思考"怎样去设计某个事物"，而不是思考"按什么步骤去设计某个事物"，这就是思维方式的转变。

注意：不能把面向过程和面向对象两者对立起来，它们是相辅相成的，面向对象是离不开面向过程的。

C 语言是典型的面向过程的程序设计语言，而 Java 则是面向对象的程序设计语言，Java 语言提供了定义类、属性、方法等基本的功能。类可被认为是一种定义的数据类型，可以使用类定义变量，所有使用类定义的变量都是引用类型，它们会被引用到对象。类用于描述客观世界中某一类对象的共同特征，而对象则是类的具体存在，Java 程序使用类的构造器来创建该类的对象。

先来看一个简单的例子，例如上课。如果按照面向过程的思维方式，应该是：

走进教室
等待老师来到
听老师讲课，做练习，等待下课铃响
下课铃响，走出教室

写成伪代码，则是：

```
walkTo(教室);
while(老师未到) {
    等待();
}
开始上课;
while(下课时间未到) {
    听课();
    做练习();
}
leave(教室);
…
```

而如果按照面向对象的思维方式，则是这样的：

把教室看成一个类
定义位置、容纳人数等属性
把学生看成一个类
定义课程、教室等属性
定义上课、下课等方法
声明教室的对象
声明学生的对象
执行该学生上课、下课的操作

写成伪代码，则是：

```
class 教室 {
    private location 位置;  // 位置如A404教室
    private int 容纳人数;    // 容纳人数如50、100等
}
class 学生 {
    private 课程 course;
    private 教室 classroom;
    public void 上课() {…}
    public void 下课() {…}
}
```

```
教室 A404 = new 教室();
A404.setLocation("综合楼");
A404.setCapacity("100");
学生 张三 = new 学生();
张三.setCourse("面向对象");
张三.setClassRoom(A404);
张三.上课();
```

因此，面向对象思想的特征在于它审视的角度不一样。面向过程是从程序的角度去思考，如第一步要如何做，第二步要如何做等；面向对象则是从人的角度去思考，如某事物有什么样的特征，能对它进行什么操作等。

相对来说，用面向过程思想设计的程序，更符合计算机的"思考"（运作方式），因此它的运行速度会比较快，但是一般难以用于组织大规模的工程，比较适合需要对突发事件迅速做出响应并完成对时间要求严格的操作，或者是直接与硬件"打交道"的软件模块。例如底层应用程序、操作系统内核、驱动程序等。而用面向对象思想设计的程序，更符合人类的思考方式，所以方便用于组织大规模的软件"团队"开发，但相对地，其运行速度会比较慢，比较适合对速度要求不高的上层应用软件。例如数据库访问、网络通信、用户界面开发等方面的应用软件。

不同的思想各有利弊。也并不是说面向对象凌驾于其他编程思想之上，它只是一种思想、一种"武器"。

面向对象编程试图在软件系统中模拟现实世界。现实世界可视作由各种类组成，例如生物类和非生物类。而其中每一类又可以分为很多子类，例如生物类可以分为动物类和植物类。动物类还可以再细分。

不同的类如何划分？划分依据就是数据和行为。例如鸟类，几乎都有翅膀、眼睛、羽毛等属性，都有飞、站立、觅食等行为。

3.2 类与对象

对象本身就是一个很广泛的概念。对象可以是具体的，例如飞机/大炮、猫/狗/熊、桌子/椅子、手机/平板电脑、你/我/他等；对象也可以是抽象的，例如计划/事件、工程/项目、规则/规矩等。总之，世间万事万物都可视为对象。

对象是属性和操作相关属性的行为的集合，是类的具体化，是系统中用来描述客观事物的实体，是构成系统的基本单位。

所有面向对象的程序都是由对象组成的，对象之间可以相互通信、协调、配合，共同完成整个程序的任务并实现其功能。对象是面向对象编程的核心。

例如，用户需要买一部手机，不能简单地说"买一部手机"，这样品牌、型号、操作系统信息不清晰；不能说"买一部华为手机"，这样型号、操作系统信息不清晰；不能说"买一部华为P30手机"，这样操作系统信息不清晰；而要说"买一部华为P30手机，8GB运行内存，64GB机身内存，6.1英寸屏幕，麒麟980处理器，EMUI 9.1操作系统"等，这样才能将"手机类"实例化为一个具体的对象。在面向对象编程中，类必须实例化，生成对象后才能使用。

类是同一种对象的抽象。把众多的事物归纳、划分成一些类，这是人们在认识客观世界的时候经常采用的方式。分类的原则是抽象，为属于该类的所有对象提供了统一的抽象描述，类的内部包含属性和方法两个主要部分。在面向对象编程中，类是一个独立的单位，它应该有一个类名并包括属性说明和方法说明两个主要部分。

例如学校里有成千上万个学生，每个学生都是一个对象，而把所有的学生都抽象出来，则形成"学生"类。同样也可以定义老师、教室、课程、食堂等类。

例如，"张三"和"李四"都属于"人"类，但是他们是"人"类的两个不同的对象。Java 是面向对象的编程语言，所以在编写 Java 程序时，应该更加注重对"张三""李四"等对象的编程，如"张三吃饭""李四睡觉"等，不应该是"人在吃饭""人要睡觉"。

Java 中定义类的语法为：

```
[修饰符] class 类名
{
    0 到多个初始化块的定义
    0 到多个构造器的定义
    0 到多个属性的定义
    0 到多个方法的定义
}
```

这里的修饰符可以是 public、final 等，也可以省略。而类名应是合法的标识符，按照 Java 的编码规范，类名中每个单词的第一个字母应大写，其余字母小写。

可以定义一个简单的类，代码如下：

```
class Animal {
}
```

当定义对象的时候，往往需要使用 new 关键字来创建它的实例。

例如要创建 Animal 类的实例，则使用如下的代码：

```
// 定义一个 Animal 类的变量
Animal a;
// 通过 new 关键字创建 Animal 类的实例
a = new Animal();
```

或者，可以将上述代码合并成一条语句：

```
Animal a = new Animal();
```

很多时候，初学者往往会混淆"类"和"对象"这两个概念。因此，有必要再区分一下。例如下面这条语句：

```
Animal a = new Animal();
```

这里的 Animal 是类，而 a 是对象。由于 Java 是面向对象的编程，而不是面向类的编程。因此，此例是对 a 这个对象进行编程，例如调用 a 中的方法、设置它的某些属性等，而不能也不是对 Animal 这个类进行编程。

接下来，将逐步展开并深入讨论类中所包含的各种元素。

3.3 属性

属性用于定义类或类的实例所包含的数据。属性在有些参考资料中也被称为"成员变量"，当然这只是称呼上的不同，本书中统一称为"属性"。

定义类的属性的语法格式为：

[修饰符] 属性类型 属性名[= 默认值];

相关说明如下。

- 修饰符：可以省略，也可以是 public、protected、private、static、final 等，其中 public、protected、private 只能出现其中一个。
- 属性类型：可以是 Java 语言中的任何数据类型，包括基本数据类型和引用类型。
- 属性名：只要是合法的标识符即可。按照 Java 的编码规范，第一个单词首字母小写，其余单词首字母大写，其他字母小写，并且第一个单词最好为名词。
- 默认值：设置该属性的初始值，该值可省略。

当一个属性定义在某个类中的时候，如果该属性使用了 static 修饰符，则该属性属于这个类；否则，该属性属于这个类的具体某个对象。

如果一个属性是使用 static 修饰的，则称之为静态属性，也称类属性，在程序中通过"类名.属性名"的方式访问；如果一个属性不是使用 static 修饰的，则称之为非静态属性，也称实例属性，在程序中通过"对象名.属性名"的方式访问（当然，前提条件是该属性使用 public 修饰符进行修饰，这将在后文中介绍）。

具体可参考例 3.1。

【例 3.1】在类中定义属性，并在类的外部访问这些属性，代码如下：

Example_attr_1\MyClass.java
```java
public class MyClass {
    public static String staticString = "static_string";
    public int nonStaticInteger = 2;
}
```

Example_attr_1\Test.java
```java
public class Test {

    public static void main(String[] args) {
        System.out.println(MyClass.staticString);
        MyClass myObject = new MyClass();
        System.out.println(myObject.nonStaticInteger);
    }
}
```

运行程序，输出结果如下：
```
static_string
2
```

可以看到，该程序在 MyClass 类中定义了一个静态属性 staticString 和一个非静态属性 nonStaticInteger。在类的外部，要访问静态属性 staticString 时，通过"类名.属性名"（MyClass.staticString）的方式访问；要访问非静态属性 nonStaticInteger 时，通过"对象名.属性名"（myObject.nonStaticInteger）的方式访问。

3.4 方法

如果读者接触过面向过程的编程语言，应该知道函数的概念。可是在面向对象的编程中，是没有"函数"的说法的,取而代之的是"方法"。可以这样理解:面向过程的编程中的函数在面向对象的编程中称为方法。

面向过程的编程中,程序的组成单位是函数,所有的程序由一个个函数组成;而面向对象的编程中,程序的组成单位是类,所有的程序由一个个类组成,而不是方法。方法只是类中定义的一个成员,它不能独立存在,必须隶属于某个类或对象。

定义方法的语法为:

[修饰符]　方法返回值类型　方法名(形参列表)
{
　　// 0 到多条可执行语句
}

相关说明如下。

- 修饰符:可以省略,也可以是 public、protected、private、static、final 等,其中 public、protected、private 只能出现其中一个。
- 方法返回值类型:可以是 Java 语言中的任何数据类型,包括基本数据类型和引用类型。
- 方法名:只要是合法的标识符即可。按照 Java 的编码规范,第一个单词首字母小写,其余单词首字母大写,其他字母小写,并且第一个单词最好为动词。
- 形参列表:用于定义该方法接收的参数。各参数之间用逗号分隔。

当一个方法定义在某个类中的时候,如果该方法使用了 static 修饰符,则该方法属于这个类;否则,该方法属于这个类的某个具体对象。

如果一个方法是使用 static 修饰的,则称之为类方法,在程序中通过"类名.方法名()"的方式访问;如果一个方法不是使用 static 修饰的,则称之为非静态方法,在程序中通过"对象名.方法名()"的方式访问。

具体可参考例 3.2。

【例 3.2】在类中定义方法,并在类的外部调用这些方法,代码如下:

Example_method_1\MyClass.java
```java
public class MyClass {
    public void nonStaticMethod() {
        System.out.println("non static method");
    }
    public static void staticMethod() {
        System.out.println("static method");
    }
}
```

Example_method_1\Test.java
```java
public class Test {
    public static void main(String[] args) {
        // 访问静态方法
        MyClass.staticMethod();
        // 访问非静态方法
        MyClass myObject = new MyClass();
        myObject.nonStaticMethod();
    }
}
```

运行程序,输出结果如下:

```
static method
non static method
```

可以看到，该例在 MyClass 类中定义了一个静态方法 staticMethod()和一个非静态方法 nonStaticMethod()。在类的外部，要访问静态方法 staticMethod()时，通过"类名.方法名()"（MyClass.staticMethod()）的方式访问；要访问非静态方法 nonStaticMethod()时，通过"对象名.方法名()"（myObject.nonStaticMethod()）的方式访问。

熟悉 C 语言的读者可能会知道，可以利用一个函数，通过传入两个变量的地址，在函数中对地址中的值进行交换，从而交换这两个变量的值。

但是 Java 中没有地址的概念。因此 Java 中方法的参数只能通过值来传递，想要通过一个方法来改变两个参数的值，这种做法在 Java 中是行不通的。具体可参考例 3.3。

【例 3.3】通过类的方法改变两个参数的值，代码如下：

Example_method_2\Test.java
```java
public class Test {
    public static void swap(int a, int b) {
        int tmp = a;
        a = b;
        b = tmp;
    }

    public static void main(String[] args) {
        int a = 2, b = 5;
        System.out.println("a = " + a + ", b = " + b);
        swap(a, b);
        System.out.println("a = " + a + ", b = " + b);
    }
}
```

运行程序，输出结果如下：
```
a = 2, b = 5
a = 2, b = 5
```

可以看到，方法调用前后，变量 a 和 b 的值没有发生变化。因此通过类的方法改变两个参数值的做法是不行的。

如果真的希望通过一个方法改变两个变量的值，可以把这两个变量封装到一个数组或对象中进行操作，这里就不详细介绍了。

3.5 方法重载

重载的英文为"Overload"（注意与后文介绍的"重写"的英文"Override"的区别）。

Java 中允许在同一个类中定义多个同名、不同参数的方法。在同一个类中包含两个或两个以上方法名相同、形参列表不同的方法，称为方法重载。具体可参考例 3.4。

【例 3.4】重载类的方法，代码如下：

Example_method_3\Overload.java
```java
public class Overload {

    public void fun() {
```

```
        System.out.println("无参数的方法");
    }

    public void fun(int a) {
        System.out.println("有一个参数的方法");
    }

    public void fun(int a, double b) {
        System.out.println("有两个参数的方法");
    }
}
```

Example_method_3\Test.java
```
public class Test {

    public static void main(String[] args) {
        Overload overload = new Overload();
        overload.fun();
        overload.fun(1);
        overload.fun(1, 2.5);
    }
}
```

运行程序，输出结果如下：

无参数的方法

有一个参数的方法

有两个参数的方法

可以看到，该例在 Overload 类中定义了 3 个同名的方法 fun()。第 1 个方法没有参数；第 2 个方法带有一个 int 类型的参数；第 3 个方法带有两个参数，分别为 int 和 double 类型。当调用 fun()方法时，如果不传递参数，则调用第 1 个方法；如果传递 int 类型的参数，则调用第 2 个方法；如果分别传递 int 和 double 类型的参数，则调用第 3 个方法。这 3 个方法在同一个类中，方法名相同、形参列表不同，这就称为方法重载。

3.6 构造器

构造器也叫构造方法，是一个特殊的方法。定义构造器的语法格式与定义方法的语法格式比较相似：

```
[修饰符]  构造器名(形参列表)
{
    // 0 到多条可执行语句
}
```

相关说明如下。

- 修饰符：可以省略，也可以是 **public**、**protected**、**private** 之一。
- 构造器名：构造器名必须和类名相同。由于类名首字母是大写的，所以构造器名首字母也是大写的。
- 形参列表：与定义方法形参列表的格式完全相同。

注意：Java 语法中规定，构造器是没有返回值的。这是构造器与方法的一个重要的区别。

当通过 new 创建类的实例时，系统将访问该实例的构造器。

3.6.1 构造器重载

既然方法可以重载，构造器当然也可以重载。通过 new 创建类的实例时，传入不同的参数，实际将访问不同的构造器。具体可参考例 3.5。

【例 3.5】重载类的构造器，代码如下：

Example_constructor_1\Human.java
```java
public class Human {
    public Human() {
        System.out.println("不带参数的构造器");
    }

    public Human(String name) {
        System.out.println("带参数的构造器");
    }
}
```

Example_constructor_1\Test.java
```java
public class Test {

    public static void main(String[] args) {
        Human human1 = new Human();
        Human human2 = new Human("Jack");
    }
}
```

运行程序，输出结果如下：

不带参数的构造器
带参数的构造器

可以看到，该例在 Human 类中定义了 2 个构造器 Human()。第 1 个构造器没有参数，第 2 个构造器带有一个 String 类型的参数。当通过 new Human()的方式创建类的对象时，如果不传递参数，则调用第 1 个构造器；如果传递了 String 类型的参数，则调用第 2 个构造器。这两个构造器的形参列表不同，这就称为构造器重载。

3.6.2 默认构造器

如果一个类中没有定义构造器，系统就会提供一个默认的构造器。而系统提供的这个默认的构造器是没有参数的，也就是说，下面两段代码表达的内容是完全相同的。

```java
public class Human {
}
public class Human {
    public Human() {
    }
}
```

但是，如果定义了一个构造器，哪怕这个构造器是带参数的，系统也将不再提供默认的构造器。具体可参考例 3.6。

【例 3.6】在类中只定义带参数的构造器，并在创建类的对象时不传递参数，代码如下：

Example_constructor_2\Human.java

```java
public class Human {
    public Human(String name) {
        System.out.println("带参数的构造器");
    }
}
```

Example_constructor_2\Test.java
```java
public class Test {

    public static void main(String[] args) {
        // 下面这句将导致编译出错
        Human human = new Human();
    }
}
```

编译程序时，会显示如下的错误信息。

```
Test.java:5: 错误：无法将类 Human 中的构造器 Human 应用到给定类型;
        Human human = new Human();
                      ^
  需要: String
  找到: 没有参数
  原因: 实际参数列表和形式参数列表长度不同
1 个错误
```

可以看到，如果程序在类中定义了构造器，系统就不再提供默认的构造器。这点在编程的时候需要注意。

3.7 初始化块

Java 类中除了包括属性、方法、构造器外，还有初始化块。

初始化块的格式如下：

```
[修饰符] {
    // 0 到多条可执行语句
}
```

其中，初始化块的修饰符可以为 static，也可以省略。如果省略修饰符，则为普通初始化块；如果修饰符为 static，则为静态初始化块。

3.7.1 普通初始化块

没有修饰符的初始化块为普通初始化块。

当为 Java 对象创建实例时，系统总是先调用类中定义的初始化块，并且该初始化块是在构造器之前执行的。

先来看下面的例 3.7。

【例 3.7】在类中定义初始化块，代码如下：

Example_initblock_1\Human.java
```java
public class Human {

    {
```

```
        System.out.println("初始化块的代码");
    }

    Human() {
        System.out.println("构造器的代码");
    }
}
```

Example_initblock_1\Test.java
```
public class Test {

    public static void main(String[] args) {

        new Human();
    }
}
```

运行程序,输出结果如下:

初始化块的代码

构造器的代码

可以看到,初始化块是在构造器之前执行的。

现在考虑一个问题,如果在定义一个属性的时候给这个属性赋予一个值,在初始化块中给这个属性赋予另外一个值。那么现在该属性的值是什么呢？继续来看下面的例3.8。

【例3.8】在初始化块中给变量赋值,代码如下:

Example_initblock_2\Human.java
```
public class Human {

    public String str1 = "str1 在定义属性时赋值";

    {
        str1 = "str1 在初始化块中赋值";
    }

    {
        str2 = "str2 在初始化块中赋值";
    }

    public String str2 = "str2 在定义属性时赋值";

}
```

Example_initblock_2\Test.java
```
public class Test {

    public static void main(String[] args) {
        Human human = new Human();
        System.out.println(human.str1);
        System.out.println(human.str2);
    }
}
```

运行程序,输出结果如下:

str1 在初始化块中赋值

str2 在定义属性时赋值

可以看到，对属性 str1 来说，定义写在前面，初始化块中的赋值写在后面，该属性最终的值为初始化块中的赋值；对属性 str2 来说，初始化块写在前面，定义写在后面，该属性最终的值为属性定义中的赋值。

因此，可以认为，初始化块的语句与属性定义语句是处于同级别的。如果一个属性既在定义时赋值，又在初始化块中赋值，那么它的最终值只与后面的语句有关系。

也就是说，在属性定义时赋值，就等同于只进行属性声明然后在初始化块中赋值，即下面两段代码是等效的：

```
public String str1 = "value";
public String str1;
{
    str1 = "value";
}
```

3.7.2 静态初始化块

可以添加 static 修饰符的初始化块，称为静态初始化块。

对于一个类的多个实例，静态初始化块只执行一次，而普通初始化块则可以执行多次。具体可参考例 3.9。

【例 3.9】 实现类的初始化块与静态初始化块，代码如下：

Example_initblock_3\Human.java
```
public class Human {

    {
        System.out.println("初始化块的代码");
    }

    static {
        System.out.println("静态初始化块的代码");
    }
}
```

Example_initblock_3\Test.java
```
public class Test {

    public static void main(String[] args) {
        new Human();
        new Human();
    }
}
```

运行程序，输出结果如下：
静态初始化块的代码
初始化块的代码
初始化块的代码

可以看到，没有 static 修饰的初始化块会被执行 N（N 是创建该类对象的个数）次，而有 static 修饰的初始化块只会被执行一次。

3.8 内部类

在一个类的实体中可以定义属性、方法、构造器、初始化块，也可以定义另一个类。这个定义在其他类内部的类被称为内部类，而包含内部类的类则被称为外部类。

内部类的定义格式如下：

```
class Outer {
    class Inner {
    }
}
```

内部类像是一种代码的隐藏机制，将一个类置于另一个类的内部，可以对处于内部的类起到很好的保护作用。

内部类可以用 static 修饰，表示静态，也可以加上 public、protected、private 等修饰符（注意外部类的修饰符只能是 public 或默认设置的）。需要注意的是，内部类是一个编译时的概念，一旦编译成功，外部类和内部类就会成为完全不同的两个类。例如，对于一个名为 Outer 的外部类和它内部名为 Inner 的内部类，编译完后将出现 Outer.class 和 Outer$Inner.class 两个文件，表示 Outer 和 Outer$Inner 两个类。内部类不会重用外部类的属性和方法（这与继承不同），因此内部类的属性名和方法名可以与外部类的相同。

下面介绍 Java 中可以出现的各种形态的内部类。

3.8.1 成员内部类

成员内部类是指内部类作为外部类的成员。它可以直接使用外部类中所有的属性和方法，即使外部类的属性和方法是私有的。而如果外部类要访问内部类的属性和方法，则需要通过内部类的对象来获取。具体可参考例 3.10。

【例 3.10】定义成员内部类，代码如下：

Example_innerclass_1\Outer.java
```java
public class Outer {

    public Inner getInner() {
        Inner inner = new Inner();
        return inner;
    }

    public class Inner {
        public void print(String str) {
            System.out.println(str);
        }
    }
}
```

Example_innerclass_1\Test.java
```java
public class Test {

    public static void main(String[] args) {
        Outer outer = new Outer();
        Outer.Inner inner = outer.new Inner();
```

```
        inner.print("Outer.new");

        inner = outer.getInner();
        inner.print("Outer.get");
    }
}
```
运行程序，输出结果如下：
```
Outer.new
Outer.get
```
该程序在外部类 Outer 中定义了内部类 Inner。现在要创建内部类对象，可以有两种方式：第一种方式是，通过外部类对象执行 new Inner()代码创建内部类对象；第二种方式是，在外部类中实现一个 getInner()方法，创建并返回内部类对象，然后调用该方法。

3.8.2 局部内部类

局部内部类是指内部类定义在方法和作用域内。必须在方法中定义并使用该类的对象，否则局部内部类将毫无意义。具体可参考例 3.11。

【例 3.11】定义局部内部类，代码如下：

Example_innerclass_2\Outer.java
```java
public class Outer {

    public Object getInner() {
        class Inner {
            public String toString() {
                return "Inner";
            }
        }

        return new Inner();
    }
}
```

Example_innerclass_2\Test.java
```java
public class Test {

    public static void main(String[] args) {
        Outer outer = new Outer();
        Object object = outer.getInner();
        System.out.println(object);
    }
}
```
运行程序，输出结果如下：
```
Inner
```
该例在外部类 Outer 的方法 getInner()中，定义了局部内部类 Inner。注意这个类只有在 getInner()方法中才能访问，在方法外则无法访问。

3.8.3 静态内部类

静态内部类是指修饰符为 static 的内部类。如果内部类用 static 声明，则在外部类的外面就可以直接使用"外部类类名.内部类类名"的方式访问内部类。具体可参考例 3.12。

【例 3.12】定义静态内部类，代码如下：

Example_innerclass_3\Outer.java
```java
public class Outer {
    public Inner getInner() {
        Inner inner = new Inner();
        return inner;
    }

    public static class Inner {
        public void print(String str) {
            System.out.println(str);
        }
    }
}
```

Example_innerclass_3\Test.java
```java
public class Test {

    public static void main(String[] args) {
        Outer.Inner inner = new Outer.Inner();
        inner.print("new Outer.Inner");
    }
}
```

运行程序，输出结果如下：
```
new Outer.Inner
```

该例在外部类 Outer 中定义了静态内部类 Inner。现在要创建内部类对象，则直接通过 Outer.Inner 的方式访问内部类。

3.8.4 匿名内部类

匿名内部类是指不能有名称的类。而没有名称，就没有办法引用它们，因此必须在创建时通过 new 语句来声明它们。此时使用 new 的语法为：

new <类或接口> <类的主体>

这里，new 语句声明一个新的匿名内部类，它对一个给定的类进行扩展，或者实现一个给定的接口（接口后文会介绍），并创建它的实例，然后把该实例作为语句的结果返回。而通常该返回的实例是作为参数传到方法中的。

一般来说，创建一个对象时，圆括号后面跟的应该是分号，也就是创建对象后该语句就结束了。具体可参考例 3.13。

【例 3.13】定义匿名内部类，代码如下：

Example_innerclass_4\Dog.java
```java
public class Dog {
    public String getName() {
        return "";
    }
}
```

Example_innerclass_4\Human.java
```java
public class Human {
    private String name;
```

```java
    public Human(String name) {
        this.name = name;
    }
    public void feed(Dog dog) {
        System.out.println(this.name + "养了一条狗，名字叫" + dog.getName());
    }
}
```

Example_innerclass_4\Test.java
```java
class Test {
    public static void main(String[] args) {
        Dog dog = new Dog();
        Human human = new Human("汤姆");
        human.feed(dog);
    }
}
```

运行程序，输出结果如下：

汤姆养了一条狗，名字叫

因为 Dog 类中的 getName()方法直接返回空字符串，所以程序并不会显示狗的名字的信息。因此上面的程序是存在一定的问题的。

我们可以使用匿名内部类解决这个问题。在例 3.13 代码基础上进行修改，使用匿名内部类，代码如下：

Example_innerclass_4\Test.java
```java
class Test {
    public static void main(String[] args) {
        Human human = new Human("汤姆");
        human.feed(new Dog() {
            public String getName() {
                return "小花";
            }
        });
    }
}
```

运行程序，输出结果如下：

汤姆养了一条狗，名字叫小花

注意：调用 feed()方法的代码实际上创建了一个内部类的对象，该内部类没有类名，它是 Dog 的子类，并重写了 getName()方法。这就是匿名内部类的实现方式。

在使用匿名内部类时，必须注意如下事项。

① 匿名内部类不能有构造方法。

② 匿名内部类中不能定义任何静态属性、方法、类。

③ 匿名内部类不能使用 **public**、**protected**、**private**、**static** 等修饰符。

④ 匿名内部类只能创建一个实例。

⑤ 匿名内部类必须位于 **new** 后，隐含实现一个接口或一个类。

⑥ 匿名内部类中只能访问外部类的静态属性或静态方法。

⑦ 当在匿名内部类中使用 **this** 的时候，这个 this 指的是匿名类或内部类本身。如果要使用外部类的方法或属性，就要加上外部类的类名（参考内部类部分的内容）。

3.9 this 的使用

当用类名定义一个变量时，实际上定义的是一个引用。在类的外面，可以通过这个引用访问该类内部的属性和方法。那如果在类的内部，则应该怎样访问类的属性和方法呢？答案是使用 this。它可以在类内部引用当前类的属性和方法。

下面介绍 this 的常用情景。

3.9.1 引用当前类的属性

当属性名和变量名同名时，可以通过 this 引用当前类的属性。

在类的方法中，如果要访问当前类的属性，可以有如下方法：
- 直接输入属性名；
- 使用 "this.属性" 的格式；
- 使用 "类名.this.属性" 的格式。

正常情况下，直接输入属性名就可以访问对应的属性。但如果在方法定义的范围内，有同名的变量或参数，则将优先访问该变量或参数。此时要访问当前类的属性，就只能使用后两种方法。具体可参考例 3.14。

【例 3.14】在类的方法中使用 this 访问当前类的属性，代码如下：

Example_this_1\Human.java
```java
public class Human {

    private String name;

    public void setName(String name) {
        this.name = name; // 也可以写成 Human.this.name = name;
    }

    public String getName() {
        return this.name; // 也可以写成 return name; return Human.this.name;
    }
}
```

Example_this_1\Test.java
```java
public class Test {

    public static void main(String[] args) {
        Human human = new Human();
        human.setName("汤姆");
        System.out.println(human.getName());
    }
}
```

运行程序，输出结果如下：
汤姆

可以看到，在 Human 类中定义了属性 name，在类的方法 setName() 中定义了参数 name。该方法中，如果直接写 name，则访问的是方法的参数 name；要访问类的属性 name，则必须写 this.name。

3.9.2 返回类自身的引用

我们可以在方法中通过 return this 返回类自身的引用,然后就可以在一条语句中连续多次调用当前类的方法。具体可参考例 3.15。

【例 3.15】在类的方法中通过 return this 返回当前类自身的引用,代码如下:

Example_this_2\Human.java
```java
public class Human {

    private int age = 0;
    public Human increment() {
        age++;
        return this;
    }

    public int getAge() {
        return age;
    }
}
```

Example_this_2\Test.java
```java
public class Test {

    public static void main(String[] args) {
        Human human = new Human();
        human.increment().increment().increment();
        System.out.println(human.getAge());
    }
}
```

运行程序,输出结果如下:
3

可以看到,在 Human 类的 increment()方法中,通过 return this 返回了 Human 类自身的引用,即调用 increment()方法的对象。此时,通过 human.increment()调用该方法,将返回 human 对象本身,因此可以直接在后面通过".方法名()"调用该类的其他方法。

3.9.3 调用构造器

假设在一个类中定义了两个构造器,这样就可以在一个构造器中通过 this 引用来访问另一个构造器。具体可参考例 3.16。

【例 3.16】在构造器中通过 this() 访问另一个构造器,代码如下:

Example_this_3\Human.java
```java
public class Human {

    private String name;

    public Human() {
        this("无名字");
    }

    public Human(String name) {
```

```
        this.name = name;
    }

    public String getName() {
        return name;
    }
}
```

Example_this_3\Test.java
```
public class Test {

    public static void main(String[] args) {
        Human human = new Human("汤姆");
        System.out.println(human.getName());
        human = new Human();
        System.out.println(human.getName());
    }
}
```

运行程序，输出结果如下：

汤姆

无名字

可以看到，在通过 Human() 访问无参数的构造器时，程序会执行 this("无名字"); 这条语句，并进入带字符串参数的构造器。

3.9.4 用作方法的参数

在一个类中，通过对象调用其他类的方法，并把当前类的引用作为参数传递给方法，此时也可以使用 this。具体可参考例 3.17。

【例 3.17】把当前类的引用作为方法的参数，代码如下：

Example_this_4\Human.java
```
public class Human {

    public void eat(Fruit fruit) {
        System.out.println("人在吃" + fruit);
    }
}
```

Example_this_4\Fruit.java
```
public class Fruit {
    private String name;

    Fruit(String name) {
        this.name = name;
    }

    public String toString() {
        return this.name;
    }

    public void getEated(Human human) {
        human.eat(this);
```

    }
}
```

Example_this_4\Test.java
```
public class Test {

    public static void main(String[] args) {
        Human human = new Human();
        Fruit fruit = new Fruit("苹果");
        fruit.getEated(human);
    }
}
```
运行程序，输出结果如下：

人在吃苹果

可以看到，在 Fruit 类的 getEated()方法中，当调用 human 对象的 eat()方法时，将通过 this 把当前类的引用作为参数传递到 eat()方法中。

## 3.10 链式调用

在 Java 面向对象编程中，有时候程序员为了提高程序运行速度，会把几条语句写到一起，这称为链式调用。

链式调用是一个"语法招数"。它能让代码简洁、易读。链式调用可以避免多次重复使用一个对象变量，从而能减少代码、减少堆栈（Stack）中变量的使用。

先来看看什么样的代码是链式调用。假设在一个字符串中截取一个子串，再统计该子串的长度，如果不采用链式调用，代码如下：
```
String str = new String("我爱Java");
String strTemp = str.substring(0, 4);
int length = strTemp.length();
```
而如果采用链式调用，代码如下：
```
int length = new String("我爱Java ").substring(0, 4).length();
```
下面的代码也属于链式调用：
```
new Dog().eat();
new Dog().getMaster().getName();
```
可以看到，链式调用中需要定义的中间变量少了，代码量也少了。这样系统需要为该程序分配的资源自然就少了，运行速度自然会变快。因此，通常在一些对运行效率要求比较高的软件中，会大量使用链式调用。但相对而言，程序会变得有些奇怪。初学者不经过一定的练习，不一定能看得懂，更不要说写出这样的代码了。

考虑到本书的读者多为入门级别的，因此暂时不推荐编写链式调用的代码。但是在实际工作中，有可能要阅读其他人编写的代码，如果别人写出这样的代码，读者也应该知道是什么意思。
```

3.11 习　　题

一、选择题

1. 下列有关类、对象和实例的描述正确的是（　　）。
   A. 类就是对象，对象就是类，实例是对象的另一个名称，三者没有差别
   B. 对象是类的抽象，类是对象的具体化，实例是对象的另一个名称
   C. 类是对象的抽象，对象是类的具体化，实例是类的另一个名称
   D. 类是对象的抽象，对象是类的具体化，实例是对象的另一个名称

2. 下列程序输出的结果是（　　）。
```
public class Test {
    static int i;
    public int test() {
        i++;
        return i;
    }
    public static void main(String args[]) {
        Test test = new Test();
        test.test();
        System.out.println(test.test());
    }
}
```
   A. 1　　　　　　　B. 2　　　　　　　C. 3　　　　　　　D. 4

3. 下列关于类 Student 中构造器声明正确的是（　　）。

   A.
   ```
   class Student {
       public Student()
   }
   ```
   B.
   ```
   class Student{
       public Student(){}
   }
   ```
   C.
   ```
   class Student {
       public void Student(){}
   }
   ```
   D.
   ```
   class Student{
       new Student(){}
   }
   ```

4. 下列程序输出的结果是（　　）。
```
class Test {
    int x;
    Boolean y;

    void output() {
        System.out.println("x 的结果：" +x+", y 的结果："+y);
    }

    public static void main(String[] args) {
        Test t1 = new Test();
        t1.output();
    }
}
```
   A. 报错　　　　　　　　　　　　　　B. x 的结果：0　　y 的结果：True
   C. x 的结果：0　　y 的结果：False　　D. x 的结果：0　　y 的结果：0

5. 下列程序输出的结果是（　　）。
```
class A {
    int x,y;

    public A(int x, int y) {
        super();
        this.x = x;
        this.y = y;
    }
    public static void main(String[] args) {
        A p1,p2;
        p1=new A(3, 3);
        p2=new A(4, 4);
        System.out.println(p1.x+p2.x);
    }
}
```
  A. 7　　　　　　　B. 8　　　　　　　C. 9　　　　　　　D. 报错

二、填空题

1. Java 中的方法重载指的是_____。
2. 下列程序中，要求输出结果为"哈巴狗"，则空白处要填写的代码为_____、_____。
```
public class Animal {
    String AnimalName;

    void setAnimalName(String animalName) {
        _____ = animalName;
    }

    void getAnimalName() {
        System.out.println(this.AnimalName);
    }

    public static void main(String[] args) {
        Animal a1 = new Animal();
        a1.setAnimalName("哈巴狗");
        a1._____;
    }
}
```

3. 下列程序中，要求调用 method()和 smethod()方法，并正常输出 x 和 y 的值，则空白处要填写的代码为_____、_____、_____。
```
public class Test {
    public int x;
    public static int y;

    void method() {
        x = 2;
        System.out.println("x=" + x);
    }

    static void smethod() {
        y = 4;
        System.out.println("y=" + y);
    }
```

```
    public static void main(String[] args) {
        _____;
        _____;
        _____;
    }
}
```

三、编程题

1. 设计一个程序员类，包含程序员的名字（name）、性别（sex）、年龄（age）、电话号码（phone number）、邮箱（email）、地址（address）等属性，并且所有的属性提供 getter() 和 setter() 方法。还需要给程序员类默认提供构造器并包含所有属性。最后给程序员类提供方法，实现吃（eat）、喝（drink）、玩（play）、睡觉（sleep）等行为，并通过输入名字实现输出全部信息。

2. 编写 Java 程序模拟简单的计算器。定义名为 Number 的类，其中有两个整数属性 n1 和 n2，它们应声明为私有的。编写构造方法赋予 n1 和 n2 初始值，再为该类定义加（addition）、减（subtraction）、乘（multiplication）、除（division）等公有方法，分别对两个属性执行加、减、乘、除运算。在 main() 方法中创建 Number 类的对象，调用各个方法并显示运算结果。

3. 创建一个类，为该类定义 3 个构造器，分别执行下列操作。
（1）传递两个整数值并找出其中较大的一个值。
（2）传递 3 个双精度浮点数值并求出其乘积。
（3）传递两个字符串值并判断其是否相同。
（4）在 main() 方法中测试构造方法的调用。

4. 定义一个学生类，要求包含如下属性和方法。

属性：姓名（name）、年龄（age）、性别（sex）、C 语言成绩（score C）、Java 成绩（score Java）、英语成绩（score Eng）。

方法：求总分（score Sum）、求平均分（score Avg）、输出该学生的所有信息（info）。

编写简单的测试代码。

第4章 Java面向对象三大特征

学习目标

  了解 public、protected、private 及默认 4 个访问控制级别的访问范围；熟练使用 public 与 private 修饰符；掌握 package 和 import 关键字的使用方法。

  掌握继承的定义和使用场合；掌握 super 关键字的使用方法；了解 Object 类的概念；了解继承的时候，父类与子类的同名方法调用的优先级。

  掌握多态的含义与使用的场合；掌握 instanceof 的使用方法；了解静态绑定与动态绑定的含义。

  Java 支持面向对象的三大特征：封装、继承和多态。

  Java 语言提供了 public、protected、private 3 个关键字作为修饰符，再加上默认，共有 4 个访问控制级别实现对类的属性和方法进行封装，给外界提供不同的访问权限。

  Java 语言提供 extends 关键字使子类继承父类，子类继承了父类后，它就可以继承父类的方法和属性，假设给定的控制修饰符允许，子类实例可以直接调用父类中定义的方法。

  Java 可以为关联的类提供名称相同的方法，对于同一个方法，不同类的对象可以表现出不同的形态，这在面向对象中称为多态。合理使用多态，可以有效地提高代码的可维护性和可扩展性。

4.1 封装

  面向对象三大特征中的第一大特征是封装。很多时候，人们对事物的了解，通常只停留在表面。人们可能没有时间，也没有兴趣去了解更具体的东西。例如，对于"学生"这个类，只需要知道其有"读书"这个方法，而不关心其具体是在哪个学校、哪个班级、哪个专业读书；只需要知道其有"上学"这个方法，而不用关心其是骑车去还是走路去。

  封装是指将对象的一些属性隐藏，不直接对外公开，并通过类提供的一些方法来实现对这些属性的操作。

  一般来说，封装有如下原则。
- 把不需要对外提供的内容隐藏起来。
- 隐藏属性，提供通用方法实现对外访问或操作。

4.1.1 private、protected、public、默认

Java 针对属性和方法的访问权限提供了 3 个修饰符，分别是 private、protected、public，再加上没有访问控制修饰符的默认情况，对应了 4 个访问控制级别。这 4 个访问控制级别的描述如下。

① private：使用 private 修饰的属性和方法，只能在类的内部被访问。

② protected：使用 protected 修饰的属性和方法，除了可以被相同包下的类访问，还可以被不同包中的子类访问。

③ public：使用 public 修饰的属性和方法，可以被所有类访问。

④ 默认：不使用访问控制修饰符的，称为默认访问控制，可以被相同包下的其他类访问。

4 个访问控制级别之间的对比如表 4.1 所示。

表 4.1　　　　　　　　　　4 个访问控制级别之间的对比　　　　　　　√=可访问　　×=不可访问

控制级别	当前类	相同包下的类	子类	其他类
public	√	√	√	√
protected	√	√	√	×
默认	√	√	×	×
private	√	×	×	×

在使用访问控制修饰符的时候，一般需要遵循下面的原则。

① 类的大部分属性都应该使用 private。

② 一般情况下，不建议省略访问控制修饰符（省略就代表默认）。

③ 对于类的方法，通常按照下面的描述使用修饰符。

- 如果是直接被外部调用，则使用 public 修饰。
- 如果希望留在子类中重写，也不被外部调用，则使用 protected 修饰。
- 如果该方法只是对一系列操作进行封装，在其他方法中调用，也不被外部调用，则使用 private 修饰。

我们经常会使用 private 修饰符修饰属性，并通过 public 修饰符修饰该属性的 getter()和 setter()方法，这称为属性私有化的封装，具体可参考例 4.1。

【例 4.1】私有属性与公有方法，代码如下：

Example_wrapper_1\Human.java
```java
public class Human {

    private int age;

    public int getAge() {
        return this.age;
    }

    public void setAge(int age) {
        this.age = age;
    }
}
```

Example_wrapper_1\Test.java
```java
public class Test {
```

```java
    public static void main(String[] args) {
        Human human = new Human();
        //human.age = 23;不能直接访问
        human.setAge(23);
        System.out.println(human.getAge());
    }
}
```

运行程序，输出结果如下：
23

可以看到，在 Human 类中定义了一个属性 age 以及对应的两个方法 getAge()和 setAge()。由于 age 属性是用 private 修饰符修饰的，因此无法直接通过代码 human.age = 23;对 age 进行设置。而由于 getAge()和 setAge()两个方法是用 public 修饰符修饰的，因此可以调用 human 对象的这两个方法。

4.1.2　package 和 import

为了更好地对代码的结构进行组织，把多个类有效地划分开，Java 提供了包（package）的机制。

包有如下特点。
- 程序员可以把功能相关联的类封装在同一个包中，方便查找和使用。
- 同一个包中的类名不能相同，不同包中的类名可以相同。
- 访问包中的类时，需要在前面加上包名以便区分，格式为"包名.类名"。如果不加包名，则默认访问与当前文件相同包下的类。

声明包的语法格式如下：
```
package 1 级包名[.2 级包名[.3 级包名…]]
```
包的声明应该位于源文件的第一行，每个源文件只能有一个包声明。如果源文件中没有包声明，则源文件中的元素将被放在一个无名的包中。

例如，Dog.java 文件中的包声明如下：
```
package demo.animal;

public class Dog {
...
}
```
即包名为 demo.animal，这个 Dog.java 文件的路径就为 demo/animal/Dog.java。

注意：包名一般全部使用小写字母，避免与类名冲突。

在实际的 Java 项目开发过程中，可能需要创建几十个甚至上百个类。通过 package，可以把不同的类进行分类保存并以包的形式提供命名空间管理功能，当需要引用类时，根据包名查找起来更方便。

下面来看一个使用 package 的例子，见例 4.2。

【例 4.2】使用 package 声明包，代码如下：

Example_package_1\demo\test\Test.java
```java
package demo.test;

public class Test {
    public static void main(String[] args) {
        System.out.println("包 demo.test 中的测试代码");
```

    }
}
```

**注意**：这里的 Test.java 文件存放在 Example_package_1 工程的 demo\test 目录下。

在 Example_package_1 目录下，编译 Test.java 文件的 DOS 命令为：

```
javac demo\test\Test.java
```

运行程序的命令为：

```
java demo.test.Test
```

运行程序，输出结果如下：

```
包 demo.test 中的测试代码
```

当然，大部分情况下，包中会放置需要调用的类，而从包的外面导入该包并调用。此时，为了在 Java 程序中明确导入的包，需要使用 import 语句。

import 语句格式如下：

```
import 1级包名[.2级包名[.3级包名…]].(类名|*)
```

注意：import 语句最后需要指定要导入类的类名。如果要导入包中的所有类，则使用*。

Java 源文件中 import 语句应该位于 package 语句之后、类定义之前。import 语句可以没有，也可以有多条。具体可参考例 4.3。

【**例 4.3**】导入不在同一个包下的类，代码如下：

Example_package_2\demo\animal\Dog.java

```
package demo.animal;

public class Dog {
    public void eat() {
        System.out.println("Dog eat");
    }
}
```

Example_package_2\Test.java

```
import demo.animal.Dog;

public class Test {
    public static void main(String[] args) {
        Dog dog = new Dog();
        dog.eat();
    }
}
```

在 Example_package_2 目录下，编译这些文件的 DOS 命令为：

```
javac demo\animal\Dog.java
javac Test.java
```

运行程序的命令为：

```
java Test
```

运行程序，输出结果如下：

```
Dog eat
```

可以看到，因为 Test 类与 Dog 类在不同的包下，所以当 Test 中要调用 Dog 类的时候，就需要通过 import 语句导入相应的包。

如果要导入相同包中的类，则 import 语句可以省略。
```

Java 本身也提供了一些常用的包,用于放置一些编程时常用的基础类。Java 中常用的包如表 4.2 所示。

表 4.2　　　　　　　　　　　　　　Java 中常用的包

包名	说明
java.lang	提供 Java 编程的基础类,例如 Object、String、Math 等。这个包是默认导入的
java.util	提供 Java 中的各种工具框架类。包括集合类、日期时间类、事件模型类等
java.io	提供系统输入/输出等操作的类
java.net	提供网络应用开发的类
java.sql	提供 Java 访问数据库的类
java.text	提供纯字符串方式处理文本、日期、数字的类

当需要使用相应的类时,同样也需要导入相应的包,具体可参考例 4.4。

【例 4.4】导入系统中常用的包,代码如下:

Example_package_3\Test.java
```java
import java.util.Date;

public class Test {
  public static void main(String[] args) {
      Date date1 = new Date(System.currentTimeMillis());
      System.out.println(date1);
  }
}
```

运行程序,输出结果如下:
```
Sat Dec 21 15:11:03 CST 2019
```

该程序中需要使用 Date(日期)类和 System(系统)类,因为 Date 类位于 java.util 包下,所以需要通过 import 语句导入 java.util 包下的 Date 类;又因为 System 类位于 java.lang 包下,这个包是默认导入的,所以不需要编写 import 语句导入 java.lang 包下的 System 类。

4.2　继承

继承也是面向对象的三大特征之一。常用的汉语词典中对继承的解释包括接受前人的作风、文化、知识等。在编程语言中,通过继承把之前已经写好的代码模块拿来使用,可以有效地实现软件的重用、减少冗余的代码,充分利用现有的类来实现更加复杂的功能。

在 Java 中,通过 extends 关键字实现继承。被继承的类称为父类(也叫超类、基类),实现继承的类则称为子类。子类可以继承父类中非私有的属性和方法,还可以增加额外的属性和方法。

在深入介绍继承的概念前,有一个概念要明确一下。在下面的描述中也常会提到"派生"这个词。其实从某种程度上讲,派生和继承是相同的(Java 中都是指 extends),只是站在不同的角度去看问题而已。所谓的继承,是站在子类的角度去看,子类继承了父类的东西;所谓的派生,是站在父类的角度去看,父类派生出一个子类。例如,"动物"是父类,"狗"是子类,就可以说,"动物"派生出一个子类"狗","狗"继承了父类"动物"。

4.2.1 继承的定义

父类与子类属于一般与特殊的关系。例如狗类继承动物类,则动物类是狗类的父类,狗类是动物类的子类,这样就表示狗是一种特殊的动物。又因为子类是一种特殊的父类,所以虽然子类的属性和方法可能会比父类的多,但父类包含的范围比子类的广,因此父类实际上是个大类,子类实际上是个小类。通过继承可以简化类的定义,扩展类的功能。

要在代码中实现继承,需要在定义类的基础上,加上"extends 父类类名"。这样就可以表明该类是继承自哪个父类。格式如下:

```
[修饰符] class 子类类名 extends 父类类名
{
    // 类定义部分
}
```

在面向对象的概念中,继承分为单继承和多继承。单继承是指一个子类最多只能有一个父类,多继承是指一个子类可以有两个或两个以上的父类。有些编程语言是支持多继承的(如C++),但是Java只支持单继承,因此下面的写法是错误的。

```
// Java中一个子类不能继承自多个父类
[修饰符] class 子类类名 extends 父类类名1, 父类类名2
{
    // 类定义部分
}
```

同时,Java中提出了接口的概念,Java中的多继承功能实际上是通过接口来间接实现的(见5.6节)。

子类继承父类就意味着子类可以获得父类的全部非私有的属性和方法,具体可参考例4.5。

【例 4.5】定义子类继承父类,代码如下:

Example_extends_1\Animal.java
```java
public class Animal {

    public double height;
    protected int age;
    boolean pregnant;
    private String name;
}
```

Example_extends_1\Dog.java
```java
public class Dog extends Animal {

    public void info() {
        // 可以访问父类的公有属性
        height = 23.5;
        System.out.println("height = " + height);
        // 可以访问父类的受保护属性
        age = 5;
        System.out.println("age = " + age);
        // 可以访问父类的默认属性
        pregnant = false;
        System.out.println("pregnant = " + pregnant);
        // 不能访问父类的私有属性
```

```
        // name = "豆豆";
        // System.out.println("name = " + name);
    }
}
```
Example_extends_1\Test.java
```
public class Test {

    public static void main(String[] args) {
        Dog dog = new Dog();
        dog.info();
    }
}
```
运行程序，输出结果如下：
```
height = 23.5
age = 5
pregnant = false
```
可以看到，程序中定义了父类 Animal 及其子类 Dog。在父类 Animal 中分别定义了公有属性 height、受保护属性 age、默认属性 pregnant、私有属性 name。除了私有属性外，其他属性都传递到了子类中。

例 4.5 的内存分析如图 4.1 所示。

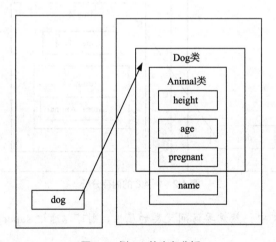

图 4.1　例 4.5 的内存分析

子类中也可以重写父类的属性。此时如果在子类中访问该属性，实际上会访问子类中定义的属性，但这并不意味着父类中的属性被覆盖了。在实际情况中，子类和父类中都包含一个同名的属性，只不过子类属性的访问优先级较高而已，具体可参考例 4.6。

【例 4.6】在子类中重写父类的属性，代码如下：

Example_extends_2\Animal.java
```
public class Animal {

    public String name = "Animal";
}
```
Example_extends_2\Dog.java
```
public class Dog extends Animal {
```

```
    public String name = "Dog";
    public void info() {
        System.out.println(name);  // 输出子类的属性 Dog
    }
}
```

Example_extends_2\Test.java
```
public class Test {
    public static void main(String[] args) {
        Dog dog = new Dog();
        dog.info();
    }
}
```

运行程序，输出结果如下：

Dog

可以看到，这里在父类 Animal 中定义了属性 name，在子类 Dog 中重写了 name 属性。若此时在子类的方法 info()中访问 name 属性，实际访问的是子类的 name 属性。

例 4.6 的内存分析如图 4.2 所示。

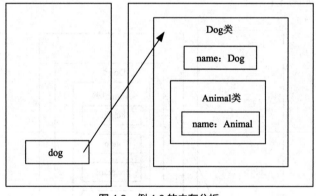

图 4.2　例 4.6 的内存分析

注意：此时如果在子类中仍然需要访问父类的属性，则可以通过 super 关键字进行访问，后文会详细介绍。

4.2.2　方法的重写

如果在父类中定义了一个方法，在子类中对这个方法的实体重新实现了一次，这就叫作方法的重写。重写后通过方法名访问的实际上是子类的方法，但父类的方法仍然是存在的（可以通过 super 关键字访问）。

方法的重写需要遵循如下规则。

- 重写方法必须与被重写方法具有相同的形参列表。
- 重写方法的返回类型必须与被重写方法的返回类型相同，或是它的子类。
- 重写方法的访问控制修饰符不能比被重写方法的更严格。
- final 类的方法不能被重写。

具体可参考例 4.7。

【例 4.7】在子类中重写父类的方法，代码如下：

Example_extends_3\Animal.java
```java
public class Animal {

    public void eat() {
        System.out.println("Animal eat");
    }
}
```

Example_extends_3\Dog.java
```java
public class Dog extends Animal {

    public void eat() {
        System.out.println("Dog eat");
    }
}
```

Example_extends_3\Test.java
```java
public class Test {

    public static void main(String[] args) {
        Dog dog = new Dog();
        dog.eat();
    }
}
```

运行程序，输出结果如下：

```
Dog eat
```

可以看到，这里在父类 Animal 中定义了 eat()方法，在子类 Dog 中重写了 eat()方法。此时通过子类对象 dog 调用 eat()方法，实际上将访问子类 Dog 中的 eat()方法。

例 4.7 的内存分析如图 4.3 所示。

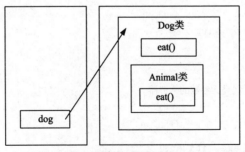

图 4.3　例 4.7 的内存分析

注意：需要区分重载和重写两个概念。重载是指在同一个类中的两个方法，方法名相同，但形参列表不同；而重写表示在子类中重新实现父类中的方法，子类与父类的方法、方法名和形参列表都是一样的。方法重载与重写的比较如表 4.3 所示。

表 4.3　　　　　　　　　　　　方法重载与重写的比较

	方法出现的类	方法名是否相同	形参列表是否相同
重载	同一个类中	相同	不同
重写	子类和父类	相同	相同

4.2.3 super 关键字的使用

第 3 章中介绍了 this 关键字，this 用于对当前类的引用。与 this 相似的是 super 关键字，它用于对当前类的父类的引用，下面几种情况会用到 super 关键字。

1. 调用父类构造器

在子类的构造器中，有时需要执行与父类构造器相同的代码，此时较好的方法当然是直接调用父类的构造器，通过 super() 即可实现。此时可以把 super 关键字作为一个方法名使用。

调用父类的构造器的格式如下：

super([实参列表]);

具体可参考例 4.8。

【例 4.8】在子类构造器中调用父类的构造器，代码如下：

Example_super_1\Animal.java
```java
public class Animal {
    private String name;

    public Animal() {
        this.name = "未知";
    }

    public Animal(String name) {
        this.name = name;
    }

    public String getName() {
        return this.name;
    }
}
```

Example_super_1\Dog.java
```java
public class Dog extends Animal {
    int age;

    public Dog() {
        super(); // 调用父类无参数的构造器
        this.age = 3;
    }

    public Dog(String name, int age) {
        super(name); // 调用父类带参数的构造器
        this.age = age;
    }

    public int getAge() {
        return this.age;
    }
}
```

Example_super_1\Test.java
```java
public class Test {
    public static void main(String[] args) {
        Dog dog1 = new Dog();
```

```
            System.out.println("姓名:" + dog1.getName() + ", 年龄:" + dog1.getAge());
            Dog dog2 = new Dog("豆豆", 5);
            System.out.println("姓名:" + dog2.getName() + ", 年龄:" + dog2.getAge());
        }
    }
```
运行程序，输出结果如下：

姓名:未知，年龄:3

姓名:豆豆，年龄:5

可以看到，这里在父类 Animal 中定义了两个构造器，一个没有参数，另一个有一个参数，参数的数据类型为字符串。在子类 Dog 中也定义了两个构造器，一个没有参数，另一个有两个参数，参数的数据类型为字符串和整型。

创建对象 dog1 的时候，没有传递参数，这样程序将进入子类 Dog 的无参数的构造器，并通过 super() 进入父类 Animal 的无参数的构造器，并设置属性 name 为 "未知"。

创建对象 dog2 的时候，传递了两个参数，这样程序将进入子类 Dog 带两个参数的构造器，通过 super(name) 进入父类 Animal 带一个参数的构造器，并设置属性 name 为 "豆豆"。

例 4.8 的内存分析如图 4.4 所示。

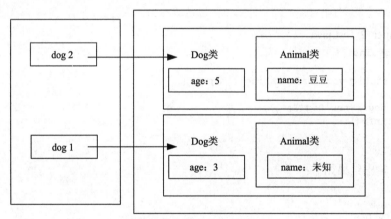

图 4.4　例 4.8 的内存分析

2. 访问与父类同名的属性或调用与父类同名的方法

在 Java 中，有时会遇到子类的属性和方法与父类的属性和方法同名的情况。考虑到默认情况下会优先访问子类的元素，此时如果想要访问父类的属性并调用父类的方法，则可以把 super 关键字作为一个对象来使用。

访问父类的属性，格式如下：

```
super.父类属性名;
```

调用父类的方法，格式如下：

```
super.父类方法名([实参列表]);
```

具体可参考例 4.9。

【例 4.9】在子类中访问父类的属性，代码如下：

Example_super_2\Animal.java
```
public class Animal {
```

```
    public String name = "Animal";

    void eat() {
        System.out.println("Animal eat");
    }
}
```

Example_super_2\Dog.java
```
public class Dog extends Animal {

    public String name = "Dog";

    void eat() {
        System.out.println("Dog eat");
    }

    void info() {
        eat();  // 调用当前类的方法
        super.eat();  // 调用父类的方法
        System.out.println("this name is " + name);  // 访问当前类的属性
        System.out.println("super name is " + super.name);  // 访问父类的属性
    }
}
```

Example_super_2\Test.java
```
public class Test {

    public static void main(String[] args) {

        Dog dog = new Dog();
        dog.info();
    }
}
```

运行程序，输出结果如下：
```
Dog eat
Animal eat
this name is Dog
super name is Animal
```

可以看到，这里在父类 Animal 中定义了属性 name，在子类 Dog 中重写了 name 属性。此时在子类的方法 info()中如果要访问父类的 name 属性，则需要通过 super.name 的方式访问。

例 4.9 的内存分析如图 4.5 所示。

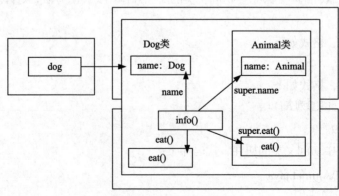

图 4.5　例 4.9 的内存分析

最后，把 super 关键字与 this 关键字进行对比，来看看它们之间的异同。
- super()表示调用父类中的某个构造方法，this()表示调用当前类中的某个构造方法。这两条语句都能在构造方法中使用，并且它们都必须是当前构造方法中的第一条语句。
- super 和 this 都可以单独使用。此时 super 表示引用当前对象的直接父类中的属性和方法，如"super.属性"或"super.方法()"；而 this 则表示引用当前对象名。
- super 和 this 不能同时出现在一个构造方法中。
- super 和 this 都不能在 static 环境中使用，包括 static 属性、static 方法、static 代码块。

4.2.4 方法调用的优先级

有时，我们会碰到类似下面的代码：
```
SubClass obj = new SubClass();
obj.fun(obj);
```
如果 obj 所在的类——父类、子类中都定义了 fun()方法，则其父类定义为 SuperClass，子类定义为 SubClass，代码如下：
```
class SuperClass {
    void fun(SubClass obj) { ... }
}

class SubClass extends SuperClass {
    void fun(SubClass obj) { ... }
}
```
或者一个类中同时有方法名为 fun，参数类型为父类对象和子类对象的两个方法，代码如下：
```
class SubClass extends SuperClass {
    void fun(SubClass obj) { ... }
    void fun(SuperClass obj) { ... }
}
```
若现在通过 obj.fun(obj)的调用，实际上将会访问哪个方法呢？

此时，会遵循下面的优先级。
- 优先级 1：尝试访问子类中参数为子类对象的方法，如果没有，则执行下一步。
- 优先级 2：尝试访问父类中参数为子类对象的方法，如果没有，则执行下一步。
- 优先级 3：尝试访问子类中参数为父类对象的方法，如果没有，则执行下一步。
- 优先级 4：访问父类中参数为父类对象的方法。

方法调用的优先级如表 4.4 所示。

表 4.4　　　　　　　　　　　　　方法调用的优先级

	父类	子类
参数为父类对象	4	3
参数为子类对象	2	1

具体可参考例 4.10。

【例 4.10】方法调用的 4 个优先级，代码如下：

Example_extends_4\Animal.java
```
public class Animal {
    public void fun1(Animal a) {
```

```java
        System.out.println("Animal --- Animal");
    }
    public void fun1(Dog dog) {
        System.out.println("Animal --- Dog");
    }
    public void fun2(Animal a) {
        System.out.println("Animal --- Animal");
    }
    public void fun2(Dog dog) {
        System.out.println("Animal --- Dog");
    }
    public void fun3(Animal a) {
        System.out.println("Animal --- Animal");
    }
    public void fun4(Animal a) {
        System.out.println("Animal --- Animal");
    }
}
```

Example_extends_4\Dog.java
```java
public class Dog extends Animal {
    public void fun1(Animal a) {
        System.out.println("Dog --- Animal");
    }
    public void fun1(Dog dog) {
        System.out.println("Dog --- Dog");
    }
    public void fun2(Animal a) {
        System.out.println("Dog --- Animal");
    }
    public void fun3(Animal a) {
        System.out.println("Dog --- Animal");
    }
}
```

Example_extends_4\Test.java
```java
public class Test {

    public static void main(String[] args) {
        Animal a = new Animal();
        Dog dog = new Dog();
        dog.fun1(dog);
        dog.fun2(dog);
        dog.fun3(dog);
        dog.fun4(dog);
    }
}
```

运行程序，输出结果如下：
```
Dog --- Dog
Animal --- Dog
Dog --- Animal
Animal --- Animal
```
仔细观察程序运行的结果，不难发现如下规律。

① 对于 fun1()，子类 Dog 中有参数为子类 Dog 对象的方法，该方法将被优先调用，因此结果是"Dog --- Dog"。

② 对于 fun2()，子类 Dog 中没有参数为子类 Dog 对象的方法，父类 Animal 中有参数为子类 Dog 对象的方法，按照优先级顺序将执行该方法，因此结果是"Animal - - - Dog"。

③ 对于 fun3()，父类 Animal 和子类 Dog 中都没有参数为子类 Dog 对象的方法，而子类 Dog 中有参数为父类 Animal 对象的方法，按照优先级顺序将执行该方法，因此结果是"Dog - - - Animal"。

④ 对于 fun4()，父类 Animal 和子类 Dog 中都没有参数为子类 Dog 对象的方法，子类 Dog 中没有参数为父类 Animal 对象的方法，父类 Animal 中有参数为父类 Animal 对象的方法，按照优先级顺序将执行该方法，因此结果是"Animal - - - Animal"。

例 4.10 的内存分析如图 4.6 所示。

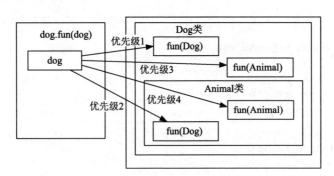

图 4.6　例 4.10 的内存分析

4.3　多态

在面向对象的三大特征中，多态是一个难点。

先来看这样一种场景：假设有 3 种不同职业的人，分别是理发师、医生、演员。当他们同时接收到"Cut"的指示后，他们分别会做什么事？理发师会剪头发，医生开始做手术，演员则可以停止表演了。多态就是基于这样的思想设计出来的。在父类（人类）中定义的方法，在子类（理发师、医生、演员）中表现出不同的行为，使得不同子类的实例所对应的实际操作不全相同，这就是多态。

4.3.1　多态的定义

在介绍多态的定义前，有必要再次强调"对象"与"实例"这两个概念的区别。很多人会认为这是同一事物的两个叫法，但其实不是。对象是同类事物的一种抽象表现形式，而实例则是对象的具体化。可以认为对象是一个模型，而实例则是按照这个模型生产的成品。例如：

Type1 value = new Type2();

对 value 来说，Type1 是其对象类型（也叫编译时类型），Type2 是其实例类型（也叫运行时类型）。一个变量的对象类型与实例类型可以相同，也可以不同。如果对象类型与实例类型相同，则该变量将无法实现多态的场景；如果对象类型与实例类型不同，则实例类型必须为对象类型的直接或间接子类，此时该变量可以出现多态的场景。

假设有父类 Animal 和子类 Dog，来看下面的代码：

Animal a = new Animal();

这里 a 是 Animal 的对象，也是 Animal 的实例，由于对象和实例属于同一类型，所以这种情况下不会实现多态的场景。

```
Dog d = new Dog ();
```

这里 d 是 Dog 的对象,也是 Dog 的实例,对象和实例属于同一类型,同样也不会实现多态的场景。

```
Animal a1 = new Dog ();
```

这里 a1 是 Animal 的对象,是 Dog 的实例,实例类型是对象类型的直接或间接子类,这时对这种变量进行操作,就会出现多态的场景。

此时,当通过 a1 调用方法时,实际访问的是 Animal 中的方法,还是 Dog 中的方法呢?具体可参考例 4.11。

【例 4.11】通过父类对象、子类实例调用方法,实现多态的场景,代码如下:

Example_polymorphism_1\Animal.java
```java
public class Animal {
    public void eat() {
        System.out.println("Animal eat");
    }
}
```

Example_polymorphism_1\Dog.java
```java
public class Dog extends Animal {
    public void eat() {
        System.out.println("Dog eat");
    }
}
```

Example_polymorphism_1\Test.java
```java
public class Test {
    public static void main(String[] args) {
        Animal a1 = new Dog();
        a1.eat();
    }
}
```

运行程序,输出结果如下:

```
Dog eat
```

因此,当变量的对象类型和实例类型不一致的时候,通过对象类型访问的方法将是实例类型的方法。

按这个思路,如果定义了几个对象类型相同而实例类型不同的变量,那通过这些变量访问的将是不同实例类型的方法,代码如下:

Example_polymorphism_1\Test.java
```java
public class Test {
    public static void main(String[] args) {
        Animal a1 = new Dog();
        a1.eat();
        Animal a2 = new Cat();
        a2.eat();
    }
}
```

运行程序,输出结果如下:

```
Dog eat
```

```
Cat eat
```
此时将实现多态的场景：a1、a2 都是 Animal 的对象，但它们通过 eat()方法将呈现出不同的形态。但是，有一个前提，就是这个方法必须在父类中定义，否则将出现意想不到的结果。具体可参考例 4.12。

【例 4.12】实现多态场景时，没有在父类中定义对应的方法，代码如下：

Example_polymorphism_2\Animal.java
```java
public class Animal {
    // 父类中并没有定义 eat()方法
}
```

Example_polymorphism_2\Dog.java
```java
public class Dog extends Animal {
    public void eat() {
        System.out.println("Dog eat");
    }
}
```

Example_polymorphism_2\Test.java
```java
public class Test {

    public static void main(String[] args) {
        Animal a = new Dog();
        a.eat();
    }
}
```

编译程序时，会报告如下的错误：
```
Test.java:5: 错误: 找不到符号
        a.eat();
         ^
  符号:   方法 eat()
  位置: 类型为 Animal 的变量 a
1 个错误
```

可以看到，这里在父类 Animal 中没有定义 eat()方法，只在子类 Dog 中定义了。此时通过父类对象、子类实例 a 访问 eat()方法，程序会报错。

4.3.2 多态的特征

在多态的场景下，对象与实例的类型不一样，这样将引起混乱，并会导致很多潜在的错误发生。既然这样，为什么还要使用多态呢？要回答这个问题，先来看下面的例子。

假设定义父类 Animal，其中有一个方法 eat()。然后定义它的 3 个子类 Dog、Cat、Human，各个子类中分别重写 eat()方法，实现方式不全相同。相关的类图如图 4.7 所示。

现在在程序主流程中分别创建 Dog、Cat、

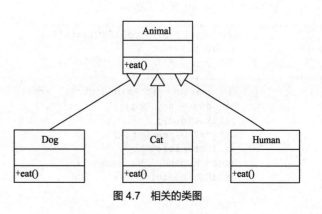

图 4.7　相关的类图

Human 的对象并调用 eat()方法。如果在类的外部，不使用多态，通过对象来访问它们各自的 eat()方法，具体可参考例 4.13。

【例 4.13】不使用多态，通过子类对象访问 Dog、Cat、Human 的 eat()方法，代码如下：

Example_polymorphism_3\Test.java

```
public class Test {

    public static void callEat(Dog dog) {
        dog.eat();
    }

    public static void callEat(Cat cat) {
        cat.eat();
    }

    public static void callEat(Human human) {
        human.eat();
    }

    public static void main(String[] args) {
        Dog dog = new Dog();
        callEat(dog);
        Cat cat = new Cat();
        callEat(cat);
        Human human = new Human();
        callEat(human);
    }
}
```

运行程序，输出结果如下：

```
Dog eat
Cat eat
Human eat
```

注意：为了简洁，该例中没有列出 Animal、Dog、Cat、Human 的代码。

可以看到，对于程序中不同的对象，需要为其单独定义一个方法，以访问对应的 eat()方法，这样会显得有些重复。那有没有简单的方法呢？具体可参考例 4.14。

【例 4.14】使用多态，通过父类对象访问 eat()方法，代码如下：

Example_polymorphism_4\Test.java

```
public class Test {

    public static void callEat(Animal a) {
        a.eat();
    }

    public static void main(String[] args) {
        Dog dog = new Dog();
        callEat(dog);
        Cat cat = new Cat();
        callEat(cat);
        Human human = new Human();
        callEat(human);
    }
}
```

运行程序，输出结果如下：
```
Dog eat
Cat eat
Human eat
```

这里使用了多态的思路。首先，从多态的角度去考虑，对于 callEat(dog)的调用，在进入 callEat()方法的时候，a 是 Animal 的对象，是 dog 的实例，因此它将调用 Dog 的 eat()方法。对于 callEat(cat)、callEat(human)的调用也类似，因此程序运行的结果与例 4.13 是一样的。其次，例 4.13 中使用了 3 个 callEat()方法，分别描述每一个子类对象的调用情况，而例 4.14 只使用了一个 callEat()方法就得到了相同的结果，比较起来，使用多态的程序更简洁、工作量更少。

4.3.3　instanceof 的使用

instanceof 是 Java 的一个二元操作符，用于返回一个 boolean 类型的值。它与==、>、<等是同类，不过它是由字母组成的，因此也是 Java 的关键字。在代码中，它的左边是一个对象，右边是一个类。

instanceof 首先规定了左边对象对应的类必须与右边的类有继承关系。它们可以是同一个类、直接父类、间接父类、直接子类、间接子类，但不能完全没关系，不然编译器会报错。例如在 Java 中有 Double、Math、Object 这 3 个类，其中 Double 和 Math 都是 Object 的子类，三者的继承关系如图 4.8 所示。

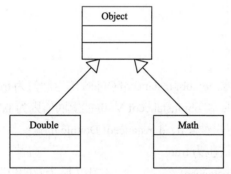

图 4.8　Double、Math、Object 三者的继承关系

代码可以这样写：
```
Object obj = "object";
boolean objIsObj = obj instanceof Object;
boolean objIsDouble = obj instanceof Double;
boolean objIsMath = obj instanceof Math;
```
代码也可以这样写：
```
Double d = 3.14;
boolean dIsObj = d instanceof Object;
boolean dIsDouble = d instanceof Double;
```
但代码不能这样写：
```
Double d = 3.14;
boolean dIsMath = d instanceof Math; // 不能这样写
```

使用 instanceof 的目的是测试左边的对象是否为右边的类的实例。它的返回值是 boolean 类型的，当左边实例的类型是右边的类或者是右边的类的直接或间接子类时，instanceof 的返回值是 true；而当左边实例的类型是右边的类的直接或间接父类时，其返回值是 false。具体可参考例 4.15。

【例 4.15】获取 instanceof 的返回值，代码如下：

Example_instanceof_1\Test.java
```java
public class Test {

    public static void main(String[] args) {
        Object obj = "object";
        boolean objIsObj = obj instanceof Object;
        System.out.println("obj instanceof Object:" + objIsObj);
        boolean objIsDouble = obj instanceof Double;
        System.out.println("obj instanceof Double:" + objIsDouble);
        boolean objIsMath = obj instanceof Math;
        System.out.println("obj instanceof Math:" + objIsMath);

        Double d = 3.14;
        boolean dIsObj = d instanceof Object;
        System.out.println("d instanceof Object:" + dIsObj);
        boolean dIsDouble = d instanceof Double;
        System.out.println("d instanceof Double:" + dIsDouble);
        // Double 与 Math 没有直接或间接的继承关系，若为下面这种写法，编译器将报错
        //boolean doubleIsMath = d instanceof Math;
    }
}
```

运行程序，输出结果如下：
```
obj instanceof Object:true
obj instanceof Double:false
obj instanceof Math:false
d instanceof Object:true
d instanceof Double:true
```

这里定义了 Object 类的对象 obj。obj instanceof Object 的返回值为 true。Math 和 Double 都是 Object 类的子类，obj instanceof Double 和 obj instanceof Math 的返回值则为 false。

另外还定义了 Double 类型的对象 d，d instanceof Double 的返回值为 true。Object 是 Double 的父类，d instanceof Object 的返回值也为 true。

当然，在大多数情况下，instanceof 会用于 if 语句中（因为它的返回值是 boolean 类型的）。参见下面的例子。

假设定义父类 Animal，其中有一个方法 eat()。然后定义它的两个子类 Dog、Human，各个子类中分别重写 eat()方法，另外 Human 类中还实现了一个方法 work()。相关的类图如图 4.9 所示。

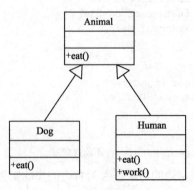

图 4.9　相关的类图

通过如下代码，把父类对象转换成子类对象，具体可参考例4.16。

【例 4.16】未使用 instanceof 判断对象对应的类，把父类对象强制转换成子类对象，代码如下：

Example_instanceof_2\Animal.java
```java
public class Animal {
    public void eat() {
        System.out.println("Animal eat");
    }
}
```

Example_instanceof_2\Dog.java
```java
public class Dog extends Animal {
    public void eat() {
        System.out.println("Dog eat");
    }
}
```

Example_instanceof_2\Human.java
```java
public class Human extends Animal {
    public void eat() {
        System.out.println("Human eat");
    }
    public void work() {
        System.out.println("Human work");
    }
}
```

Example_instanceof_2\Test.java
```java
public class Test {

    public static void work(Animal animal) {
        Human human = (Human) animal;
        human.work();
    }

    public static void main(String[] args) {
        Animal a1 = new Human();
        work(a1);
        Animal a2 = new Dog();
        work(a2);
    }
}
```

运行程序的时候，会报告如下的错误：
```
Human work
Exception in thread "main" java.lang.ClassCastException: Dog cannot be cast to Human
    at Test.work(Test.java:4)
    at Test.main(Test.java:12)
```

在 main()方法中，由于 a1 是 Human 的实例，因此在 work()方法中可以将其强制转换为 Human 类，并调用 Human 的 work()方法；而 a2 是 Dog 的实例，如果将其强制转换为 Human 类，会导致转换异常。

为了避免这样的问题出现，就需要在强制转换操作前，加上 instanceof 的判断。具体可参考例 4.17。

【例 4.17】使用 instanceof 判断对象对应的类，避免出现异常，代码如下：

Example_instanceof_3\Test.java
```java
public class Test {

    public static void work(Animal animal) {
        if (animal instanceof Human) {
            Human human = (Human) animal;
            human.work();
        }
    }

    public static void main(String[] args) {
        Animal a1 = new Human();
        work(a1);
        Animal a2 = new Dog();
        work(a2);
    }
}
```

Animal.java、Dog.java、Human.java 的代码与例 4.16 完全相同，此处不再列出。Animal.java 运行程序，输出结果如下：

```
Human work
```

可以看到，在 work()方法中，在需要把父类对象 animal 转换成子类对象前，先使用 instanceof 判断父类对象 animal 是否为子类 Human 的实例，再进行转换。这样就能避免有可能出现的转换异常。

4.3.4 静态绑定和动态绑定

这里介绍另外两个与多态有关的概念：静态绑定和动态绑定。程序中的绑定是指方法的调用与方法所在的类关联起来，对 Java 来说，绑定分为静态绑定和动态绑定，也叫前期绑定和后期绑定。

静态绑定是指在程序编译时，方法被绑定，此时绑定由编译器或其他连接程序实现。在 Java 中只有 final、static、private 修饰的方法和构造方法是静态绑定的；而 Java 中所有的属性也属于静态绑定。

动态绑定是指程序在运行时根据具体对象对应的类进行绑定。如果一种编程语言实现了动态绑定，则同时必须提供一些机制，使程序在运行期间可以判断对象对应的类，并分别调用适当的方法。也就是说，编译器此时依然不知道对象对应的类，但方法调用机制能实现调用，并找到正确的方法主体。

下面的例子就很好地体现了静态绑定和动态绑定的思想，见例 4.18。

【例 4.18】静态绑定与动态绑定，代码如下：

Example_polymorphism_5\Animal.java
```java
public class Animal {
    public String name = "Animal";
    public String getName() {
        return this.name;
    }
}
```

Example_polymorphism_5\Dog.java
```java
public class Dog extends Animal {
    public String name = "Dog";
```

```java
    public String getName() {
        return this.name;
    }
}
```

Example_polymorphism_5\Test.java
```java
public class Test {

    public static void main(String[] args) {
        Animal a = new Dog();
        // 属性永远属于静态绑定
        System.out.println(a.name);
        // 非final、static、private修饰的方法属于动态绑定
        System.out.println(a.getName());
    }
}
```

运行程序，输出结果如下：
Animal
Dog

可以看到，在父类 Animal 中定义了属性 name 和方法 getName()，同时子类 Dog 中重写了属性 name 和方法 getName()，此时：

由于属性属于静态绑定，即对象根据编译时的类型决定访问的类，因此访问 a.name 的结果是 Animal；

由于非 final、static、private 修饰的方法属于动态绑定，即对象将根据运行时的类型来决定访问的类，因此 a.getName()的结果是 Dog。

4.4 习　题

一、选择题

1. 下列有关类的继承的描述中，正确的是（　　）。
    A. 子类能直接继承父类所有的非私有属性，也可通过接口继承父类的私有属性
    B. 子类只能继承父类的方法，不能继承父类的属性
    C. 子类只能继承父类的非私有属性，不能继承父类的方法
    D. 子类不能继承父类的私有属性

2. 下列选项中关于 Java 中封装的说法错误的是（　　）。
    A. 封装就是将属性私有化，提供公有方法访问私有属性
    B. 属性的访问包括 getter()方法和 setter()方法
    C. 类的属性必须进行封装，不然无法实现编译
    D. setter()方法用于赋值，getter()方法用于取值

3. 下列选项中空白处应填写的是（　　）。
```java
public class Dog {
    String name;
    public void setName(String name) {
        _____
    }
```

}
  A. name = name;   B. name = this.name;
  C. this.name = name;   D. this.name = this.name;

4. 假设定义了两个类：
```
class Animal{}
class Dog extends Animal{}
```
下列选项中不正确的是（　　）。
  A. Animal animal = new Animal();   B. Dog dog = new Animal();
  C. Dog dog = new Dog();   D. Animal animal = new Dog();

5. 对如下程序进行编译和运行的结果描述正确的是（　　）。
```
class Animal1 {
    Animal1(String string) {
        System.out.println(string);
    }
}
class Animal2 extends Animal1 {
    Animal2() {
        System.out.println("Animal2");
    }
}
public class Dog extends Animal2 {
    public static void main(String[] args) {
        Dog dog = new Dog();
    }
}
```
  A. 编译错误：没有找到构造器 Dog()
  B. 编译错误：没有找到构造器 Animal1()
  C. 正确运行，没有输出值
  D. 正确运行，输出结果为 Animal2

二、填空题

1. Java 面向对象的三大特征是＿＿＿＿、＿＿＿＿、＿＿＿＿。
2. Java 类中的访问控制符分为＿＿＿＿、＿＿＿＿、＿＿＿＿、＿＿＿＿4种。
3. 在 Java 程序中，通过类的定义只能实现＿＿重继承，但通过接口的定义可以实现＿＿重继承关系。
4. 子类对从父类继承的属性的重新定义称为＿＿＿＿。子类对自身拥有的同名方法的重新定义称为＿＿＿＿。
5. 写出下列程序的输出结果。
（1）＿＿＿＿　　（2）＿＿＿＿　　（3）＿＿＿＿
（4）＿＿＿＿　　（5）＿＿＿＿　　（6）＿＿＿＿
（7）＿＿＿＿　　（8）＿＿＿＿　　（9）＿＿＿＿
```
public class A {
    public String show(D obj) {
        return ("A and D");
    }
    public String show(A obj) {
```

```java
        return ("A and A");
    }
}

public class A {
    public String show(D obj) {
        return ("A and D");
    }
    public String show(A obj) {
        return ("A and A");
    }
}

class C extends B {
}

class D extends B {
}

public class Test {
    public static void main(String[] args) {
        A a1 = new A();
        A a2 = new B();
        B b = new B();
        C c = new C();
        D d = new D();
        System.out.println(a1.show(b));  //(1)
        System.out.println(a1.show(c));  //(2)
        System.out.println(a1.show(d));  //(3)
        System.out.println(a2.show(b));  //(4)
        System.out.println(a2.show(c));  //(5)
        System.out.println(a2.show(d));  //(6)
        System.out.println(b.show(b));   //(7)
        System.out.println(b.show(c));   //(8)
        System.out.println(b.show(d));   //(9)
    }
}
```

三、编程题

1. 定义 Dog 类，继承自 Animal 类。然后实现方法 printInfo()，该方法输出如下信息：
它叫哈巴狗，今年2岁了！！

2. 定义员工类，包括姓名、年龄、性别属性，并具有构造方法和显示数据方法。定义管理层类，使其继承自员工类，并拥有自己的属性：职务和年薪。

3. （1）定义一个类，描述一个矩形，包含长、宽两种属性和计算面积的方法。

（2）定义一个类，使其继承自矩形类，并描述一个长方体，包括长、宽、高属性和计算体积的方法。

（3）编写测试代码，对以上两个类进行测试，要求创建一个长方体，定义其长、宽、高，并输出其底面积和体积。

05 第5章　Java面向对象高级特征

学习目标

掌握 toString() 与 equals() 方法的重写及触发的时机。

熟悉静态方法与非静态方法、静态属性与非静态属性的区别以及 static 关键字的使用；了解 final 的各种使用场景。

掌握抽象类与抽象方法的使用；掌握接口的定义；了解接口的多继承；熟悉类与接口之间的关系。

了解回调的原理与使用技巧。

掌握单例的概念，了解"懒汉式"和"饿汉式"两种单例的代码实现方式。

Object 类中定义了每个类都会用到的一些方法。其中，toString() 方法用字符串的形式来描述对象本身；equals() 方法则用于判断两个对象的内容是否相等。在定义类的时候，如果有需要，可以重写这两个方法，并赋予它们各自的含义。

static 的意思是"静态"，如果属性或方法用 static 关键字修饰，则表示它是属于类本身的，类的每个对象都适用；如果属性或方法没有用 static 关键字修饰，则表示它是属于对象的，每个对象都会呈现出不同的特性。

若只知道父类包含的操作方法，但具体如何操作不清楚或不确定，只能等到在子类中实现。此时，就可以使用抽象的概念来描述父类和不确定的方法。例如，可以使用接口，接口中无须实现任何方法。

在定义一个类的时候，如果在当前场景下，该类最多只能创建一个实例，则可以使用单例的模式去创建该类。单例模式是 GoF（Gang of Four，四人组）23 种常用的设计模式之一，属于创建型模式。单例模式在具体代码实现的时候分为懒汉式单例和饿汉式单例两种。

5.1　toString() 方法

在介绍 toString() 方法之前，先来看一个例子，见例 5.1。

【例 5.1】在没有重写 toString() 方法的情况下访问类对象，代码如下：

Example_toString_1\Human.java

```
public class Human {
    private String name;
    public Human(String name) {
        this.name = name;
```

```
        }
    }
```

Example_toString_1\Test.java
```
public class Test {

    public static void main(String[] args){
        Human human1 = new Human("张三");
        System.out.println(human1);
    }
}
```

运行程序，输出结果如下：
`Human@15db9742`

这里通过 System.out.println()方法输出对象本身。虽然很希望输出"张三"，但结果不尽如人意，为什么呢？

当通过 System.out.println()方法输出一个对象时，它等同于输出该对象的 toString()方法的返回值，即下面两句是等效的。

```
    System.out.println(human1);
    System.out.println(human1.toString());
```

而 toString()方法是 Object 类中定义的方法，它默认的返回值是"类名"+"@"+对象引用的散列值。

也就是说，如果希望输出想要的结果，就需要在类中重写 toString()方法。

对 Human 类进行修改，重写 toString()方法，见例 5.2。

【例 5.2】在重写 toString()方法的情况下访问类对象，代码如下：

Example_toString_2\Human.java
```
public class Human {

    private String name;
    public Human(String name) {
        this.name = name;
    }
    public String toString() {
        return "name:"+name;
    }
}
```

Example_toString_2\Test.java
```
public class Test {

    public static void main(String[] args){
        Human human1 = new Human("张三");
        System.out.println(human1);
    }
}
```

运行程序，输出结果如下：
`name:张三`

现在通过 System.out.println()方法输出对象，由于在 Human 类中重写了 toString()方法，此时就可以输出"张三"了。

5.2 equals()方法

equals()方法也是在 Object 类中定义的方法。在正式介绍这个方法前，先来看一段程序，见例5.3。

【例5.3】判断两个字符串变量是否相等，代码如下：

Example_equals_1\Human.java
```java
public class Test {

    public static void main(String[] args) {
        String str1 = "hello";
        String str2 = "hello";
        System.out.println(str1 == str2);
    }
}
```

运行程序，输出结果如下：
```
true
```

这里给两个字符串变量直接赋值，且两个字符串中的内容一样。运行程序时显示这两个字符串是相等的，这个结果与想象中的一致。

在例5.3代码后添加如下内容。

Example_equals_1\Human.java
```java
public class Test {

    public static void main(String[] args) {
        ...
        String str3 = new String("hello");
        String str4 = new String("hello");
        System.out.println(str3 == str4);
    }
}
```

运行程序，输出结果如下：
```
false
```

这里使用 new 关键字创建了两个 String 类型的对象，并赋值给字符串变量，且两个对象中的字符串内容相同。运行程序时显示这两个对象并不相等。这个结果可能很多读者没有想到。

从上面的代码可以知道，给字符串变量赋值有两种方法。如果是直接赋值一个字符串，则该字符串会唯一地存在于内存中；如果是使用 new 关键字创建字符串对象，则每次创建对象时都会在内存中分配一个内存空间。例5.3的内存分析如图5.1所示。

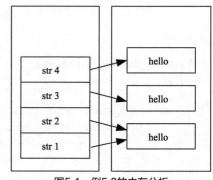

图5.1 例5.3的内存分析

此时，使用==运算符判断两个对象是否相等，实际上判断的是这两个对象在内存中的地址是否相等。如果需要判断两个对象的内容是否相同，则可以通过 equals()方法来进行判断，例如继续修改例5.3，使用 equals()判断 str3 和 str4 的内容是否相同：

Example_equals_1\Human.java
```java
public class Test {

    public static void main(String[] args) {
        ...
        String str3 = new String("hello");
        String str4 = new String("hello");
        System.out.println(str3 == str4);
        System.out.println(str3.equals(str4));
    }
}
```
运行程序，输出结果如下：
false
true

所以在 Java 中判断两个字符串是否相等应该使用 equals()，而不应使用==。

如果是自定义的类，想判断其中任意两个对象的内容是否相等，则需要重写该类的 equals()方法，重写一个类的 equals()方法通常需要满足如下特性。

- 自反性：对于任意非空对象 x，x.equals(x)应该返回 true。
- 对称性：对于任意对象 x 和 y，如果 x.equals(y)返回 true，那么 y.equals(x)也应该返回 true。
- 传递性：对于任意对象 x、y、z，如果 x.equals(y)返回 true，y.equals(z)返回 true，那么 x.equals(z) 也应该返回 true。
- 一致性：如果对象 x 和 y 没有发生变化，那么反复调用 x.equals(y)应该返回相同的结果。
- 非空性：对于任意非空对象 x，x.equals(null)应该返回 false。

通常，equals()方法的代码按照如下流程实现。

- 判断参数是否为 this，如果是则返回 true，如果不是则执行下一步。
- 判断参数是否为空（null），如果是则返回 false，如果不是则执行下一步。
- 判断参数是否为当前类的实例，如果不是则返回 false，如果是则执行下一步。
- 把参数对象强制转换为当前类对象，并比较参数是否相等，如果不是则返回 false，如果是则执行下一步。
- 如果还需要判断父类的属性，则返回父类 equals()方法的返回值，否则返回 true。

具体可参考例 5.4。

【例 5.4】在对象中重写 equals()方法，代码如下：

Example_equals_2\Human.java
```java
public class Human {
    private String name;
    private int age;
    public Human(String name, int age) {
        this.name = name;
        this.age = age;
    }
    public String getName() {
        return name;
    }
    public int getAge() {
        return age;
    }
```

```java
        // 重写equals()判断是否与另一个对象相同
        public boolean equals(Object obj) {
            // 判断参数是否为this，如果是则返回true
            if(obj == this) {
                return true;
            }
            // 判断参数是否为空，如果是则返回false
            if(obj == null) {
                return false;
            }
            // 判断参数是否为当前类的实例，如果不是则返回false
            if(!(obj instanceof Human)) {
                return false;
            }
            // 把参数对象强制转换为当前类对象，并比较参数是否相等，如果不是则返回false
            Human h = (Human)obj;
            if(!(name.equals(h.getName()) && age == h.getAge())) {
                return false;
            }
            // 考虑是否返回父类的equals()方法。这里先简单返回true
            return true;
        }
    }
```

Example_equals_2\Test.java

```java
public class Test {

    public static void main(String[] args) {
        Human h1 = new Human("张三", 23);
        System.out.println(h1.equals(h1)); // 返回true

        Human h2 = null;
        System.out.println(h1.equals(h2)); // 返回false

        String str3 = "hello";
        System.out.println(h1.equals(str3)); // 返回false

        Human h4 = new Human("李四", 23);
        System.out.println(h1.equals(h4)); // 返回false

        Human h5 = new Human("张三", 23);
        System.out.println(h1.equals(h5)); // 返回true
    }
}
```

运行程序，输出结果如下：

```
true
false
false
false
true
```

可以看到，程序中创建了 5 个变量 h1、h2、str3、h4、h5。h1.equals(h1)的结果为 true，说明 equals() 方法具有自反性；因为 h2 为 null，所以 h1.equals(h2)的结果为 false，说明 equals()方法具有非空性；因为 str3 为字符串类型，h1.equals(str3)的结果为 false，说明不是当前类（Human）的实例，所以返回 false；h4 对象虽然为 Human 实例，但对象中的 name 属性与 h1 的不同，所以 h1.equals(h4)返回 false；h5 对象中的 name 属性和 age 属性与 h1 的都相同，所以 h1.equals(h5)返回 true。

5.3 static 关键字

　　static 的概念在前文已经介绍过，这里再对其进行一次简单的概述。

　　static 关键字属于修饰符，一般表示"静态"，用来修饰属性和方法，还有代码块。

　　被 static 修饰的属性和方法独立于该类的任何对象，一般称为静态属性和静态方法。它们不依赖类特定的实例，而是被类的所有实例所共享。只要这个类被加载，JVM 就可以根据类名找到它，因此，静态属性和静态方法可以在对象创建之前访问，而无须引用对象。

　　静态属性和静态方法可通过类名访问。访问语法为：

类名.静态方法名(实参列表)

类名.静态属性名

　　需要注意的是，在 static 修饰的方法中不能调用非静态方法。但反过来是可以的，即在非静态方法中可以调用 static 修饰的方法。

　　此外，在初始化块中也可以使用 static，使用 static 修饰的代码块称为静态代码块，是在类中独立于类成员的 static 语句。需要注意的是，无论该类创建了多少个对象，static 代码块中的代码只会执行一次。

5.4 final 关键字

　　在 Java 中，final 关键字有"无法改变"的含义，它可以修饰非抽象类、非抽象类中的属性和方法、方法中的参数和变量等。如果要给类、属性、方法添加 final 修饰符，一般出于两方面考虑：设计或效率。

5.4.1 final 类

　　用 final 修饰的类不能被继承，因此 final 类的方法不会被重写，默认都是无法改变的。在设计类的时候，如果这个类的实现细节不允许被修改，也不允许给它派生子类，就可以将其声明为 final 类。

　　例如，下面定义了一个 final 类，见例 5.5。

　　【例 5.5】定义 final 类，代码如下：

Example_final_1\Super.java
```
public final class Super {
}
```
这样就无法定义它的派生类了。例如下面的代码是错误的：

Example_final_1\Sub.java
```
public class Sub extends Super {
}
```
编译程序的时候，会报告如下错误。

　　Sub.java:1: 错误：无法从最终 Super 进行继承

```
public class Sub extends Super {
                    ^
```
1 个错误

可以看到，程序中不能定义 final 类的子类，否则程序会报错。

5.4.2　final 方法

如果非 final 类中的一个方法，不允许在其子类中重写，则可以把这个方法声明为 final 方法。一般来说，使用 final 方法的原因有两个。
- 锁定方法。防止子类修改它的实现。
- 提高效率。编译器在遇到 final 方法时会把它转为内嵌机制，这样就可以大大提高执行的效率。

关于 final 使用的例子，见例 5.6。

【例 5.6】在类中定义 final 方法，代码如下：

Example_final_2\Super.java
```java
public class Super {

    public void fun1() {
        System.out.println("fun1");
    }

    // 该方法无法被子类覆盖
    public final void fun2() {
        System.out.println("fun2");
    }

    public void fun3() {
        System.out.println("fun3");
    }

    private void fun4() {
        System.out.println("fun4");
    }
}
```

Example_final_2\Sub.java
```java
public class Sub extends Super {

    public void fun1() {
        System.out.println("父类方法 fun1()被覆盖");
    }
    // fun2()方法无法在子类中重写
    public void fun2() {}
}
```

编译程序的时候，会报告如下错误。
```
Sub.java:7: 错误: Sub 中的 fun2()无法覆盖 Super 中的 fun2()
    public void fun2() {}
                ^
  被覆盖的方法为 final
1 个错误
```

此时，对于 Super 类中的方法 fun2()，由于添加了 final 修饰符，因此它无法在 Sub 子类中重写。

5.4.3 final 属性

用 final 修饰属性就等于设定常量。值一旦设定，就无法改变。

当编译器遇到 final 属性时，就可以直接将常量的值代入任何可能用到它的计算公式中，也就是在编译的时候就可以直接进行计算了。这样将大大减少运行时的负担。

final 属性可以在声明的时候设定值，也可以在初始化块和构造器中设定值。注意在声明时，初始化块或构造器中必须有且只能有一个给定 final 属性的值，具体可参考例 5.7。

【例 5.7】在类中定义 final 属性，代码如下：

Example_final_3\Human.java
```java
public class Human {

    /* final 属性在声明时设定值 */
    final private String name = "汤姆";

    /* final 属性在初始化块中设定值 */
    final private int age;
    {
        this.age = 52;
    }

    /* final 属性在构造器中设定值 */
    final private int height;
    public Human() {
        this.height = 174;
    }

    /* final 属性不能在多个地方同时设定值 */
    final private int weight = 70;
    {
        // weight = 68;
    }


    /* final 属性不能不设定初始值 */
    //final private String girlfriend;

    /* final 属性不能在普通方法中被修改 */
    public void setName(String name) {
        // this.name = name;
    }
}
```

可以看到，这里在 Human 类中定义了 name、age、height、weight、girlfriend 几个 final 属性。对于 name 属性，在声明的时候设定值；对于 age 属性，在初始化块中设定值；对于 height 属性，在构造器中设定值；对于 weight 属性，由于在声明的时候已经设定了值，因此无法在其他地方（例如初始化块中）再次设定值；对于 girlfriend 属性，没有设定任何值，如果运行该代码，则程序会报错。

5.4.4 final 参数

另外,也可以使用 final 修饰方法的参数,用 final 修饰的参数可以被读取、访问,但该参数的值无法修改。具体可参考例 5.8。

【例 5.8】在方法中定义 final 参数,代码如下:

Example_final_4\Dog.java
```
public class Dog {

    private String name;

    public void setName(final String name) {
        this.name = name;
        name = "旺财"; // 用 final 修饰的参数在方法中无法修改
    }
}
```

编译程序的时候,会报告如下错误。

```
Dog.java:7: 错误: 不能分配最终参数 name
        name = "旺财"; // 用 final 修饰的参数在方法中无法修改
        ^
1 个错误
```

可以看到,方法中的 final 参数不能在方法内部修改,否则程序会报错。

5.4.5 final 变量

final 变量和 final 参数类似,首次赋值后,同样无法修改该变量的值,具体可参考例 5.9。

【例 5.9】定义 final 变量,代码如下:

Example_final_5\Test.java
```
public class Test {
    public static void final1() {
        // 不能修改 final 变量的值
        final int value1 = 10;
        // value1 = 2; // 修改 final 变量的值会报错
    }

    ...
}
```

编译程序的时候,会报告如下错误。

```
Test.java:5: 错误: 无法为最终变量 value1 分配值
        value1 = 2; // 修改 final 变量的值会报错
        ^
1 个错误
```

需要注意的是,如果用 final 修饰引用类型的对象,则对象中的值仍然可以修改,不能修改的只是对象变量本身的值。下面以数组为例进行验证。

Example_final_5\Test.java
```
public class Test {
```

```
    public static void final2() {
        // final 数组中的值可以修改,但数组对象不能指向新的引用
        final int[] arr = new int[]{2,3,5,8,13,21};
        System.out.println(arr[3]); // 修改前的值为 8
        arr[3] = 15; // final 数组中的值可以修改
        System.out.println(arr[3]); // 修改后的值为 15
        //arr = new int[]{1,2,3}; // 数组变量不能指向新的引用
    }
    public static void main(String[] args) {
        final2();
    }
}
```

运行程序,输出结果如下:
8
15

其中 arr 数组被声明为 final 变量,不变的是 arr 指向的引用地址,但是 arr 数组中的内容仍然可以被修改。

例 5.9 的内存分析如图 5.2 所示。

图5.2 例5.9的内存分析

5.4.6 同时使用 static 和 final

有时,可以同时使用 static 和 final 来修饰变量。用 static 和 final 修饰的变量,表示为全局变量,其值不能修改,可以通过类名进行访问。在 Java 编码规范中,一般会用全大写字母表示全局变量。具体可参考例 5.10。

【例 5.10】同时使用 static 和 final 修饰变量,代码如下:

Example_final_6\Constant.java
```
public class Constant {
    public static final double PI = 3.141592653589793;
}
```

Example_final_6\Test.java
```
public class Test {
    public static void main(String[] args) {
        System.out.println(Test.PI);
    }
}
```

运行程序,输出结果如下:
3.141592653589793

在实际项目开发中,通常会同时使用 public、static、final 3 个关键字对常量进行修饰,并将其放到一个独立的类中。当需要访问这些常量的时候,可通过"类名.属性名"的方式访问。

5.5 抽象

有时,父类知道子类会包含什么样的方法,但无法知道这些子类如何具体实现这些方法。例如,定义一个 Shape 类表示形状,并且该类中定义了一个计算周长的方法 calcPerimeter()。但不同的 Shape 子类的计算周长的具体方法不一样。Shape 本身是无法知道具体的计算公式的。

在这种情况下,就可以把 calcPerimeter()定义为抽象方法。抽象方法需要使用 abstract 关键字,且方法中只有方法的声明,没有具体的实现方式。

如果要把一个方法定义为抽象方法,就需要给这个方法加上 abstract 修饰符,并且不能声明方法实体。将方法定义为抽象方法的格式为:

[修饰符] abstract 返回值类型 方法名(形参列表);

一旦一个类中有一个方法被声明为抽象方法,则这个类必须被声明为抽象类,同时也需要添加 abstract 修饰符。抽象类的格式为:

```
[修饰符] abstract class 类名
{
    类实体
}
```

可是如果写了半天,抽象类却不能被实例化,那有什么用呢?其实,抽象类天生就该是父类。要创建它的对象,就需要给它派生具体的子类,并实现具体的实例。

如果一个类被声明为抽象类,则可以使用该类声明对象,但抽象类本身不能被实例化,而是必须实例化它的非抽象子类。例如:

抽象类名 对象 = new 非抽象子类名();

抽象类中当然也可以有构造器。但由于抽象类不能被实例化,因此其构造器其实主要被它的子类调用。

下面给出一个使用抽象类的具体例子,见例 5.11。

【例 5.11】定义抽象类,并实现它的各个子类,代码如下:

Example_abstract_1\Shape.java
```java
public abstract class Shape {

    // 抽象方法,没有实体,必须在子类中实现
    public abstract double calcPerimeter();
}
```

Example_abstract_1\Circle.java
```java
public class Circle extends Shape {
    private double radius = 0.0;

    public Circle(double radius) {
        this.radius = radius;
    }

    // 计算圆的周长
    @Override
    public double calcPerimeter() {
        return 2 * Math.PI * this.radius;
```

    }
}

Example_abstract_1\Rectangle.java
```java
public class Rectangle extends Shape {
    double a, b;

    public Rectangle(double x, double y) {
        a = x;
        b = y;
    }

    // 计算矩形的周长
    @Override
    public double calcPerimeter() {
        return 2 * (a + b);
    }
}
```

Example_abstract_1\Test.java
```java
public class Test {

    public static void main(String[] args) {

        Shape s1 = new Circle(3);
        System.out.println("s1 的周长是: " + s1.calcPerimeter());

        Shape s2 = new Rectangle(5.2, 2.5);
        System.out.println("s2 的周长是: " + s2.calcPerimeter());
    }
}
```

运行程序，输出结果如下：

s1 的周长是: 18.84955592153876
s2 的周长是: 15.4

这里定义了表示形状的抽象类 Shape，并在类中声明了计算形状周长的方法 calcPerimeter()，但是该方法并不能具体实现，事实上不同的形状计算周长的方法并不相同。接下来定义了它的两个子类 Circle（圆形）、Rectangle（矩形），各形状有其计算周长的公式，并通过重写 calcPerimeter() 方法实现。

注意：如果这里的 Shape 类的定义不使用 abstract 修饰符，当子类忘记重写 calcPerimeter() 方法时，程序一样会编译通过，这样会导致错误难以发现。因为通常很多初学者认为程序编译通过，就表示一切都搞定了。

现代编程理论认为，如果一段代码在语义上是有错误的，那么最好使其在语法上也有错误。如果不使用 abstract 修饰 calcPerimeter() 方法，那么子类不重写该方法，语义上会产生错误，但语法上不会有错；而如果使用 abstract 修饰 calcPerimeter() 方法，子类不重写该方法就会产生语法错误。为什么要这样呢？因为语法错误比语义错误更容易检查出来。

抽象类是从多个具体的子类中抽象出来的父类，具有较高层次的抽象性。可以以这个抽象类作为子类设计时的模板，子类只能在此基础上进行一定范围的扩展和改造，从而限制子类的设计，避免子类设计的随意性。

5.6 接口

在 Java 中，接口的使用方法真正体现了面向对象的精髓。对接口的掌握程度决定着对面向对象编程思想的掌握程度。

生活中到处都存在接口，例如通用串行总线（Universal Serial Bus，USB）接口。计算机的 USB 接口可以"接"很多东西，如图 5.3 所示。

实际上，USB 接口只定义了数据传输和供电的标准。不管外面接的是什么，不管读写什么数据，USB 接口只遵循这一种标准。只要符合 USB 接口的标准，都可以通过 USB 来传送数据。因此，接口就是标准，定义了接口，就是定义了调用对象的标准。

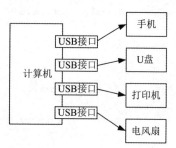

图 5.3 计算机的 USB 接口示意

接口是一个比抽象类更抽象的概念。它定义的是多个类共同的行为规范。接口中定义的只是一系列方法的"生命"，是一些方法特征的集合。接口中只有方法的特征，而没有方法的实现。这些方法可以在不同的地方被不同的类实现，而这些具体的实现可以体现不同的行为特征。

5.6.1 接口的定义

在 Java 中使用 interface 关键字定义接口。定义接口的语法如下：

```
[修饰符] interface 接口名 [extends 父接口1[, 父接口2]]
{
    0 到多个常量；
    0 到多个抽象方法；
}
```

定义接口有如下注意事项。
- 修饰符可以省略。如果不省略，则只能是 public。
- 接口名与类名的命名规范应该完全相同，也就是首字母大写，且其余每个单词的首字母大写。
- 一个接口可以继承自一个或多个父接口。这点与类不同。
- 一个接口中只能有两种元素：常量和抽象方法。

接口是一个比较纯粹的抽象类。接口中的方法都是抽象方法，并且都是公有的方法。也就是说，下面两条语句是等效的：

```
void func();
public abstract void func();
```

注意：接口与类不同，如果类中的方法不使用修饰符，则默认是 default，而接口中的方法如果不使用修饰符，则默认是 public。

如果在接口中定义一个属性，则系统默认为该属性加上 public、static、final 3 个修饰符，即该属性是一个常量。因此在接口中，下面两条语句是等效的：

```
int VALUE = 38;
public static final int VALUE = 38;
```

接口中的方法必须为抽象方法，因此系统默认为该方法添加 public、abstract 修饰符，并且该方法不能定义为用 static 修饰。

接口只是定义了标准和行为，并没有指明具体怎么做。

5.6.2 接口的实现

接口中定义的抽象方法最终会在类中实现，类实现接口的关键字是 implements。一个类可以实现一个或多个接口。因此类完整的定义如下：

[修饰符] class 类名 [extends 父类] [implements 父接口 1[, 父接口 2]]

接口的实现与类的继承非常类似。一旦一个类实现了一个接口，这个类就可以获取接口中定义的常量，并重写该接口的抽象方法。如果不能或者不愿意在这个类中重写接口定义的全部方法，则需要把这个类定义为抽象类。具体可参考例 5.12。

【例 5.12】定义接口，并通过类实现该接口，代码如下：

Example_interface_1\USB.java
```java
public interface USB {
    // 下面的语句相当于 public abstract void read();
    void read();
    void write();
}
```

Example_interface_1\USBPhone.java
```java
public class USBPhone implements USB {

    @Override
    public void read() {
        System.out.println("USBPhone read");
    }

    @Override
    public void write() {
        System.out.println("USBPhone write");
    }
}
```

Example_interface_1\Test.java
```java
public class Test {

    public static void main(String[] args) {
        USB usb = new USBPhone();
        usb.read();
        usb.write();
    }
}
```

运行程序，输出结果如下：
```
USBPhone read
USBPhone write
```

该程序定义了接口 USB，并在接口中定义了两个方法 read() 和 write()，然后定义了一个类 USBPhone 实现该接口，并在该类中重写这两个方法。

5.6.3 一个类实现多个接口

在 Java 中，一个类只能继承自一个父类，但一个类可以实现多个接口。例如手机既能够通过 USB

接口与计算机连接,也能够通过 WiFi 与计算机连接。也就是说,该手机既支持 USB 接口标准,也支持 WiFi 标准,甚至支持红外、蓝牙标准等。我们就可以定义手机类实现 USB 接口和 WiFi 接口。

如果希望实现多个接口,则应在各个接口之间用逗号隔开。具体可参考例 5.13。

【例 5.13】在一个类中实现多个接口,代码如下:

Example_interface_2\USB.java
```java
public interface USB {
    void read();
    void write();
}
```

Example_interface_2\WiFi.java
```java
public interface WiFi {
    public void open();
    public void close();
}
```

Example_interface_2\Phone.java
```java
public class Phone implements USB, WiFi {

    @Override
    public void read() {
        System.out.println("Phone read");
    }

    @Override
    public void write() {
        System.out.println("Phone write");
    }

    @Override
    public void open() {
        System.out.println("Phone open");
    }

    @Override
    public void close() {
        System.out.println("Phone close");
    }
}
```

Example_interface_2\Test.java
```java
public class Test {

    public static void main(String[] args) {
        Phone phone = new Phone();
        USB usb = phone;
        usb.read();
        usb.write();
        WiFi wifi = phone;
        wifi.open();
        wifi.close();
    }
}
```

运行程序,输出结果如下:
```
Phone read
Phone write
Phone open
```

```
Phone close
```
该程序定义了接口 USB 和 WiFi，USB 接口中定义了两个方法 read()和 write()，WiFi 接口中定义了两个方法 open()和 close()，然后定义了一个类 Phone 实现这两个接口，此时，这 4 个方法都需要在类中重写。

5.6.4 一个接口继承多个接口

一个接口继承多个接口，需要使用 extends 关键字。语法如下：
```
interface C extends A, B { ... }
```
它表示 C 接口继承了 A 接口和 B 接口，因此 C 接口会分别从 A 和 B 中继承其各自定义的抽象方法。具体可参考例 5.14。

【例 5.14】在一个接口中继承多个接口，代码如下：

Example_interface_3\USB.java
```java
public interface USB {
    void read();
    void write();
}
```

Example_interface_3\WiFi.java
```java
public interface WiFi {
    public void open();
    public void close();
}
```

Example_interface_3\IPhone.java
```java
public interface IPhone extends USB, WiFi {
}
```

Example_interface_3\Phone.java
```java
public class Phone implements IPhone {

    @Override
    public void read() {
        System.out.println("Phone read");
    }

    @Override
    public void write() {
        System.out.println("Phone write");
    }

    @Override
    public void open() {
        System.out.println("Phone open");
    }

    @Override
    public void close() {
        System.out.println("Phone close");
    }
}
```

Example_interface_3\Test.java
```java
public class Test {
```

```java
    public static void main(String[] args) {
        Phone phone = new Phone();
        USB usb = phone;
        usb.read();
        usb.write();
        WiFi wifi = phone;
        wifi.open();
        wifi.close();
    }
}
```

运行程序，输出结果如下：

```
Phone read
Phone write
Phone open
Phone close
```

该程序定义了接口 USB 和 WiFi，USB 接口中定义了两个方法 read()和 write()，WiFi 接口中定义了两个方法 open()和 close()，然后定义了一个接口 IPhone 继承这两个接口，此时 IPhone 接口中就有了这 4 个方法，最后定义一个类 Phone 继承 IPhone 接口，并在类中重写这 4 个方法。

5.7 方法回调

在 C 语言中回调函数可以通过函数指针的方式来实现。但是 Java 中没有指针，要实现类似回调函数（回调方法）的功能会有些麻烦。这里通过内部接口的形式实现方法回调。

具体可参考例 5.15。

【例 5.15】通过内部接口的形式实现方法回调，代码如下：

Example_callback_1\Confirm.java
```java
import java.util.Scanner;

public class Confirm {

    public void create(String message, CallBack callback) {
        System.out.println(message);
        Scanner scanner = new Scanner(System.in);
        String line = scanner.next();
        callback.print(line);
    }

    public interface CallBack {
        public abstract void print(String str);
    }
}
```

Example_callback_1\Test.java
```java
public class Test {

    public static void main(String[] args) {

        Confirm confirm = new Confirm();
        confirm.create("请输入内容",new Confirm.CallBack() {

            @Override
            public void print(String str) {
```

```
            System.out.println("你输入的是："+str);
        }
    });
  }
}
```

运行程序，输入 hello，输出结果如下：

请输入内容
hello
你输入的是: hello

例 5.15 的序列图如图 5.4 所示。

当然这里其实不一定非要使用接口,理论上使用抽象父类或普通类都可以。在 CallBack 内部只需要定义一个抽象的方法,不需要定义其他多余的东西,定义接口可以实现最高层次的抽象,这是面向对象思想所倡导的。

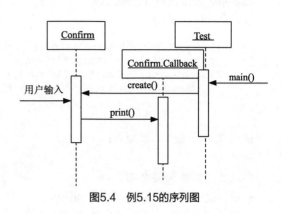

图5.4 例5.15的序列图

5.8 单例

在项目开发中有时会遇到这样的情况：一个类只有一个对象。例如，天上只有一个太阳、地球上只有一个南极洲等。为了避免类的使用者不小心创建多个不同对象,可以通过单例模式约束某个类只能创建一个实例。

设计单例模式的关键点如下。
- 一个类只能有一个实例。
- 该类必须自行创建这个实例。
- 该类必须自行向整个系统提供这个实例。

单例有懒汉式和饿汉式两种写法。

5.8.1 懒汉式单例

懒汉式单例是指在类加载的时候不初始化对象,只在第一次获取对象实例的时候进行初始化。事情拖到不能再拖的时候才去做,这是"懒汉"的特点。这种情况下类加载速度较快,但获取对象的速度慢。

懒汉式单例可参考例 5.16。

【例 5.16】实现懒汉式单例,代码如下：

Example_singleton_1\Earth.java
```
public class Earth {
    private static Earth earth;

    private Earth() {
    }

    public static Earth getInstance() {
        if (earth == null) {
            earth = new Earth();
```

```
        }
        return earth;
    }
}
```

Example_singleton_1\Test.java
```java
public class Test {

    public static void main(String[] args) {
        Earth earth1 = Earth.getInstance();
        Earth earth2 = Earth.getInstance();
        System.out.println(earth1 == earth2);
    }
}
```

运行程序，输出结果如下：

true

懒汉式单例的关键点如下。

- 单例类中构造器的修饰符为 private。
- 在单例类中有一个静态属性，是该类的对象，用于描述该类唯一的实例，该对象暂不进行实例化。
- 提供一个公有的方法，用于向外界提供获取对象实例的接口，当该方法首次被访问的时候，进行单例类的实例化，并将其保存到静态属性中。

5.8.2 饿汉式单例

饿汉式单例是指在类加载的时候就完成了唯一实例的初始化。迫不及待地就餐，这是"饿汉"的特点。这种情况下类加载速度较慢，但获取对象的速度比较快。

饿汉式单例可参考例 5.17。

【例 5.17】实现饿汉式单例，代码如下：

Example_singleton_2\Earth.java
```java
public class Earth {
    private static Earth earth = new Earth();

    private Earth() {
    }

    public static Earth getInstance() {
        return earth;
    }
}
```

Example_singleton_2\Test.java
```java
public class Test {

    public static void main(String[] args) {
        Earth earth1 = Earth.getInstance();
        Earth earth2 = Earth.getInstance();
        System.out.println(earth1 == earth2);
    }
}
```

运行程序，输出结果如下：

true

饿汉式单例的关键点如下。
- 单例类中构造器的修饰符为 private。
- 在单例类中有一个静态属性，是该类的对象，用于描述该类唯一的实例，该对象在类加载时立即进行实例化。
- 提供一个公有的方法，向外界提供获取对象实例的接口。

可以知道，通过单例方式创建的多个对象本质上都是相同的实例。

最后需要注意：懒汉式单例就是以时间换空间，由于每次获取实例时都会判断是否需要创建实例，因此会增加判断的时间，通常在获取实例次数较少的时候使用。

饿汉式单例就是以空间换时间，不管用不用，先创建处理，每次调用的时候就不需要再判断了，节省了运行时间。通常在获取实例次数较多的时候，或者在对性能要求较高的程序中使用。

5.9 习 题

一、选择题

1. 使用 abstract 修饰的类称为抽象类，下列对抽象类描述正确的是（　　）。
    A. 只能用于派生新类，不能用于创建对象
    B. 只能用于创建对象，不能用于派生新类
    C. 既能用于创建对象，也能用于派生新类
    D. 既不能用于创建对象，也不能用于派生新类
2. 在类中使用 static 修饰的方法称为静态方法，下列对静态方法描述正确的是（　　）。
    A. 该方法所在类中的其他方法不能调用它
    B. 它不能直接调用类中其他不用 static 修饰的方法
    C. 没有用类创建对象之前，类外无法调用该方法
    D. 类外调用该方法的形式必须是对象名.方法名
3. 在 Java 接口中，下列选项中有效的方法声明是（　　）。
    A. public void a{};
    B. void a(){}
    C. private void a();
    D. void a();
4. 下列程序输出的结果是（　　）。

```
interface A {
   int x = 1;
}
class B implements A {
   int y = 3;
   public void showX() {
       System.out.println("x=" + x);
   }
   public void showY() {
       System.out.println("y=" + x+y);
   }
}
public class Test {
   public static void main(String[] args) {
       B b = new B();
       b.showX();
```

```
            b.showY();
        }
    }
```
　　　　A. x=1 y=3　　　B. x=1 y=13　　　C. x=1　　　　D. y=13

5. 下列程序输出的结果是（　　）。
```
class A {
    static {
        System.out.print("a");
    }
    public A() {
        System.out.print("b");
    }
}
class B extends A {
    static {
        System.out.print("c");
    }
    public B() {
        System.out.print("d");
    }
}
public class Test {
    public static void main(String[] args) {
        A a = new B();
        a = new B();
    }
}
```
　　　　A. abcdab　　　B. acbdba　　　C. acbdbd　　　D. acdbbd

二、填空题

1. 在 Java 语言中_____方法是一种仅有方法头、没有具体方法体和操作实现的方法，该方法必须在抽象类中定义。_____方法是不能被当前类的子类重新定义的方法。

2. 下列程序中，要求正确输出 x 和 y 相乘的结果，则空白处要填写的代码为_____、_____、_____。

```
interface A {
    void show();
}
interface B {
    void mult(int x, int y);
}
class C implements A, B {
    int result;
    _____;
    _____;
}
class Test {
    public static void main(String[] args) {
        C c = new C();
        c.mult(10, 2);
        _____;
    }
}
```

3. 下列程序输出的结果是_____。
```
interface A {
    String S = "接口";
    void fun1();
}
```

```
abstract class B {
    abstract void fun2();
}
class C extends B implements A {
    void fun2() {
        System.out.print(S);
    }
    public void fun1() {
        System.out.print(S);
    }
}
public class Test {
    public static void main(String[] args) {
        B b1 = new C();
        A a1 = new C();
        b1.fun2();
        a1.fun1();
    }
}
```

4. 下列程序中，要求依次调用 eat()和 run()方法，则空白处要填写的代码为_____、_____、_____。

```
//Animal 接口：
interface Animal {
    public void eat();
    public void run();
}
//Dog 类：
public class Dog implements Animal {
    public void eat() {
        System.out.println("狗正在啃骨头！！");
    }
    public void run() {
        System.out.println("狗正在奔跑！！");
    }
    public static void main(String args[]) {
        _____;
        _____;
        _____;
    }
}
```

5. 下列程序输出的结果是_____。

```
abstract class A {
    public abstract void printInfo();
    public A() {
        this.printInfo();
    }
}
class B extends A {
    private int n = 10;
    public B(int n) {
        super();
        this.n = n;
    }
    public void printInfo() {
        System.out.println(this.n);
    }
}
```

```
public class Dog {
    public static void main(String[] args) {
        B b = new B(99);
        b.printInfo();
    }
}
```

三、编程题

1. 设计一个商品类，属性包括商品名称、重量、价格、配件数量、配件制造厂商（注意这里要求使用数组，因为制造厂商可能有多个）。要求如下。

（1）类中必须有构造方法。

（2）重写 toString()方法，用于描述商品信息。

（3）重写 equals()方法，用于对两件商品进行比较。

2. 使用接口进行编程，编写一个计算器，用于完成加、减、乘、除运算。要求如下。

（1）定义一个接口 IComputer，接口中包含一个方法 computer()。

（2）定义 4 个类分别实现此接口，完成加、减、乘、除运算。

（3）定义一个类 UseCompute，类中有一个方法 useComp()，该方法能够用传递过来的对象调用 computer()方法完成运算，并输出运算结果。

（4）编写测试代码，调用 UseCompute 中的方法 useComp()完成加、减、乘、除的运算。

3. 按照如下要求编写 Java 程序。

（1）定义接口 X，包含值为 3.14 的常量 PI 和抽象方法 area()，用于计算表面积。

（2）定义接口 Y，包含抽象方法 setColor(String color)，用于设置颜色。

（3）定义接口 Z，该接口继承了接口 X 和 Y，包含抽象方法 volume()，用于计算体积。

（4）定义圆柱体类 Cylinder 实现接口 Z，该类中包括 3 个属性：radius（底圆半径）、height（圆柱体的高）、color（颜色）。

（5）编写测试代码，测试圆柱体类。

4. 老师 A 对学生 B 说："现在有一个任务。"假设老师已经把电话号码给学生，并且说："你一旦完成任务就打电话告诉我。"试用面向对象的思想编写程序，描述如上内容。

5. 定义一个抽象学生类。

（1）定义学生类 Student，包括 name、age、grade 属性，实现无参数和有参数的构造方法，实现各属性的 getter()和 setter()方法，最后定义一个抽象方法 study()和一个普通方法 eat()。

（2）定义 StudentA 类继承 Student 类。

（3）编写测试代码测试学生类。输出学生基本信息，并调用 eat()和 study()方法。

6. 定义一个小猫类，并在该类中定义内部类。在内部类中通过 show()方法输出如下信息：
颜色：白色，体重：2.0kg

06 第6章 Java面向对象常用类

学习目标

掌握数组与 Arrays 类的异同。

了解 Object 类的概念。

熟悉 8 种基本数据类型对应的包装类。

掌握 Math 类中常用的属性和方法。

了解日期和时间相关的类。

熟悉 String 类的概念；掌握 String 类中的常用方法；熟悉字节数组、字符数组与字符串的转换；了解 StringBuffer 与 StringBuilder 的区别。

掌握随机类的使用场景。

了解正则表达式的基本概念；了解正则表达式的元字符；了解常用正则字符串的匹配规则。

Java 中有一些类，由于比较常用，因此已经被集成到 JDK 中。开发者可以直接使用，避免了重复编写这些类实现代码。

在 Java 中如果要描述数组，除了使用方括号以外，还可以使用 Arrays 类。该类可以提供更多数组创建和使用的方法。

Object 类是 Java 中所有类的父类，如果一个类不继承任何父类，则默认继承 Object 类。

Java 为 8 种基本数据类型提供了对应的封装类。结合封装类，开发者可以利用基本数据类型实现更强大的功能。

Math 类是数学类，该类提供了一些常用的数学运算符号和方法。

Date 类用于描述日期和时间相关的信息；Calendar 类用于查找日期；如果要设置日期的显示格式，可以使用 SimpleDateFormat 类。

如果要描述字符串，除了前文提到的双引号（""）以外，还可以使用 String 类；如果要对字符串进行频繁的追加、裁剪操作，可以使用 StringBuffer 或 StringBuilder 类。

Random 是随机类，使用该类的方法可以生成随机数。

使用正则表达式可以高效地进行字符串的搜索和匹配。Pattern 与 Matcher 类的结合可以提供正则模板与正则匹配规则，从而完成正则表达式相关的操作。

6.1 数组与 Arrays 类

数组的使用在前文已经介绍过了。当学习完类和对象以后，我们会惊奇地发现，数组的使用和类的使用非常相似，留意下面的代码：

```
int a = 4;                              // 定义并初始化基本数据类型
int[] arr = new int[]{1, 1, 2, 3, 5, 8}; // 定义并初始化数组
Dog dog = new Dog();                    // 定义并初始化类的对象
```

事实上，在 Java 中，数组类型和类的对象都属于引用类型，它们都是通过 new 关键字来创建实例的。

如果想要输出数组中的内容，除了逐个遍历各个元素以外，还可以使用 Arrays.toString()方法，把数组转换为字符串并输出。

具体可参考例 6.1。

【**例 6.1**】定义数组，并将其转换成字符串，代码如下：

Example_array_1\Test.java
```java
import java.util.Arrays;

public class Test {

    public static void main(String[] args) {
        int[] arr = new int[]{1, 1, 2, 3, 5, 8}; // 定义并初始化数组
        System.out.println(Arrays.toString(arr));
    }
}
```

运行程序，输出结果如下：

[1, 1, 2, 3, 5, 8]

可以看到，toString()方法把数组的内容转换成字符串并输出。该方法可以接收任意数据类型的数组，在数组运算调试的过程中比较常用。

6.2 Object 类

在 Java 中有一个 Object 类，它是类层次结构的"根"，是 Java 中所有类的父类，当定义一个类时如果没有通过 extends 关键字继承任何类，则默认继承 Object 类。也就是说，下面两段代码等效。

```
public class Animal {
    ...
}

public class Animal extends Object {
    ...
}
```

Object 类的方法如表 6.1 所示。

表 6.1　　　　　　　　　　　　　　Object 类的方法

方法	解释
boolean equals(Object obj)	判断两个对象是否相等。第 5 章已有介绍
String toString()	用字符串方式描述类的对象。第 5 章已有介绍
Class<?> getClass()	返回 Object 对象的运行时类（反射机制中的概念）
int hashCode()	返回对象的散列值
void wait()	等待唤醒（多线程中的概念）
void wait(long timeout)	在一段时间内等待唤醒，等待时间精确到毫秒（多线程中的概念）
void wait(long timeout, int nanos)	在一段时间内等待唤醒，等待时间精确到纳秒（多线程中的概念）
void notify()	唤醒等待的线程（多线程中的概念）
void notifyAll()	唤醒所有等待的线程（多线程中的概念）

6.3　基本数据类型的包装类

在 Java 中，数据类型分为基本数据类型和引用类型。基本数据类型包括 boolean、char、byte、int、short、long、float、double 共 8 种；引用类型有数组和其他的引用类型。两者本来关系不大，但有时，基本数据类型会存在一些约束，例如引用类型的父类是 Object 类，虽然可以把 Object 对象和其他类对象相互进行类型转换，但无法把基本数据类型与 Object 类关联起来，甚至后文介绍的一些技术（例如 List）也无法实施。为解决这个问题，Java 为 8 种基本数据类型分别定义相应的引用类型，这些引用类型统称为基本数据类型的包装类。所谓的包装类就是指对基本数据类型的简单包装，包装类中只有一个属性，就是对应的基本数据类型，在此基础上再搭建其他的转换方法。

基本数据类型与包装类如表 6.2 所示。

表 6.2　　　　　　　　　　　　　　基本数据类型与包装类

基本数据类型	对应的包装类	基本数据类型	对应的包装类
boolean	Boolean	int	Integer
char	Character	long	Long
byte	Byte	float	Float
short	Short	double	Double

其实可以看出，基本数据类型和对应的包装类的名字大同小异，基本数据类型的首字母是小写，而包装类的首字母是大写，大部分情况下把基本数据类型的首字母改成大写就是包装类（当然 Integer 和 Character 例外）。结合前文介绍的内容，包装类其实与引用类型类似，它们都是 Object 类的子类。

6.3.1　基本数据类型与包装类的转换

如果希望把基本数据类型转换成包装类，则在通过 new 关键字创建包装类对象时，传入基本数据类型的变量即可，例如：

```
char c = 'a';
Character cWrapper = new Character(c);
```

反过来，如果要把包装类转换成基本数据类型，则需要调用包装类对象的方法（如 doubleValue()）：

```
Double dWrapper = new Double(3.14);
double d = dWrapper.doubleValue();
```

6.3.2 基本数据类型与字符串类型的转换

包装类还有另外一个特殊的作用，就是实现基本数据类型和字符串类型的转换。除了 Character 以外，其他 7 个包装类都提供了类似 parseShort(iStr) 的方法，该方法用于将一个特定的字符串转换成基本数据类型，例如：

```
String iStr = "38";
int i = Short.parseShort(iStr);
```

另外，String 类也提供了多个重载的静态方法 valueOf()，可以实现将基本数据类型转换成字符串，例如：

```
boolean b = false;
String bStr = String.valueOf(b);
```

6.4 Math 类

Java 中提供了+、-、*、/、%等简单的算术运算符。但对于比较复杂的运算符，Java 语法本身无法处理。因此 Java 提供了 Math 类来完成一些比较复杂的运算。Math 类中封装了大量常用的与数学相关的属性和方法。下面进行简单介绍。

6.4.1 无理数的写法

Math 类中提供了两个静态属性：PI 和 E。它们分别表示数学中两个常用的无理数：圆周率 π 和自然对数 e。这样在需要的时候就不用自己定义一些相近的浮点数来模拟这些值了。

例如，计算圆周长时，下面两种写法中应该更倾向于选用第一种。

```
double perimeter = 2 * Math.PI * radius;
double perimeter = 2 * 3.14 * radius;
```

6.4.2 三角函数的方法

Math 类中常用的三角函数的方法如表 6.3 所示。

表 6.3　　　　　　　　　　　Math 类中常用的三角函数的方法

Math 类中的方法	解释	Math 类中的方法	解释
sin()	正弦	asin()	反正弦
cos()	余弦	sinh()	双曲正弦
tan()	正切	cosh()	双曲余弦
atan()	反正切	tanh()	双曲正切
acos()	反余弦		

注意：这里输入的参数都是弧度，而不是角度。

Math 类中角度值与弧度值转换的方法如表 6.4 所示。

表 6.4　　　　　　　　　　　Math 类中角度值与弧度值转换的方法

Math 类中的方法	解释
toRadians()	角度值转换为弧度值
toDegrees()	弧度值转换为角度值

6.4.3 取整运算的方法

Math 类也提供了一些取整运算的方法，可以把浮点数按照需要转换成整数。Math 类中的取整运算方法如表 6.5 所示。

表 6.5　　　　　　　　　　　　　Math 类中的取整运算方法

Math 类中的方法	解释
ceil()	向上取整
floor()	向下取整
round()	四舍五入

6.4.4 乘方、开方、对数的方法

Math 类提供了一些方法，用于实现乘方、开方、对数等运算。Math 类中的乘方、开方、对数运算方法如表 6.6 所示。

表 6.6　　　　　　　　　　　　Math 类中的乘方、开方、对数运算方法

Math 类中的方法	解释
pow()	乘方
exp()	e 的 n 次方
sqrt()	平方根
cbrt()	立方根
log()	自然对数
log10()	以 10 为底的对数

6.4.5 其他方法

Math 类提供了一些方法，可用于根据需要获得相应的值。Math 类中其他常用的方法如表 6.7 所示。

表 6.7　　　　　　　　　　　　　Math 类中其他常用的方法

Math 类中的方法	解释
max()	最大值
min()	最小值
abs()	绝对值
random()	随机数

数学函数大家应该非常熟悉，因此这里不再给出具体的例子。读者可以自行编写相应的程序进行试验。

6.5 日期和时间相关的类

Java 提供了一系列用于处理日期和时间相关的信息的类。下面进行简单介绍。

6.5.1 Date 类

Java 提供的 Date 类用于描述日期和时间相关的信息,该类位于 java.util 包下。若要使用该类,则需要通过如下代码导入。

```
import java.util.Date;
```

Date 类常用的构造器如表 6.8 所示。

表 6.8　　　　　　　　　　　　　　Date 类常用的构造器

构造器	解释
Date()	生成一个代表当前日期和时间的 Date 对象
Date(long date)	根据 date 的值生成一个 Date 对象 参数 date 表示时间戳,是 Date 对象与 1970 年 1 月 1 日 00:00:00 的时间差,单位是毫秒

Date 类的常用方法如表 6.9 所示。

表 6.9　　　　　　　　　　　　　　Date 类的常用方法

方法	解释
boolean after(Date when)	测试该日期是否在 when 指定的日期之后
boolean before(Date when)	测试该日期是否在 when 指定的日期之前
int compareTo(Date anotherDate)	比较两个日期的前后关系。如果当前对象在 anotherDate 之前,则返回小于 0 的数;如果当前对象在 anotherDate 之后,则返回大于 0 的数;如果相同,则返回 0
boolean equals(Object obj)	判断两个时间是否相同,当两个时间表示同一时刻时返回 true
long getTime()	返回该时间对应的 long 型整数,即从 1970 年 1 月 1 日 00:00:00 到 Date 的时间差,单位为毫秒
void setTime(long time)	设置 Date 对象的时间

Date 类的方法的使用可参考例 6.2。

【例 6.2】使用 Date 类描述日期和时间相关的信息,代码如下:

Example_datetime_1\Test.java
```java
import java.util.Date;

public class Test {
    public static void main(String[] args) {
        /* 获取当前时间 */
        Date date1 = new Date(System.currentTimeMillis());
        System.out.println(date1);
        /* 获取当前时间后 1 秒的时间 */
        Date date2 = new Date(System.currentTimeMillis() + 1000);
        System.out.println(date2);
        /* date1 和 date2 进行比较 */
        int compare = date1.compareTo(date2);
        if (compare < 0) {
            System.out.println("date1 比 date2 时间早");
        } else if (compare == 0) {
            System.out.println("date1 与 date2 时间相同");
        } else {
            System.out.println("date1 比 date2 时间晚");
        }
    }
}
```

运行程序,输出结果如下:
```
Tue Dec 24 17:06:50 CST 2019
Tue Dec 24 17:06:51 CST 2019
date1 比 date2 时间早
```
该程序中,System.currentTimeMillis()是获取当前时刻的毫秒级时间戳。由于当前时刻的时间戳比 1 秒后的时间戳要小,所以 compareTo()方法的返回值小于 0。

6.5.2 Calendar 类

Java 提供的 Calendar 类与 Date 类一样,都是用于描述日期和时间相关的信息的。Calendar 用于表示日历,该类位于 java.util 包下。若要使用该类,则需要通过如下代码导入。
```
import java.util.Calendar;
```
Calendar 是一个抽象类。因此,如果要使用 Calendar 类,不能直接通过 new 关键字创建对象。事实上,系统给 Calendar 定义了一些实现类,只需要调用 Calendar 的静态方法 getInstance(),就可以根据实际情况获取具体实现类的对象。方法如下:
```
Calendar calendar = Calendar.getInstance();
```
然后通过表 6.10 所示的方法访问或修改 Calendar 对象。

表 6.10　　　　　　　　　　　　　　Calendar 类的常用方法

方法	解释
void add(int field, int amount)	为日历中相应的字段加上或减去相应的时间值。超过最大值范围时,自动进位
void roll(int field, int amount)	为日历中相应的字段加上或减去相应的时间值。超过最大值范围时,不自动进位
void clear()	清除该 Calendar 之前所赋的值,使之为 0
int get(int field)	根据 field 获取日历中指定字段的值
int getActualMaximum(int field)	根据 field 获取日历中指定字段的最大值。例如 MONTH 的最大值为 11(表示 12 月)
int getActualMinimum(int field)	根据 field 获取日历中指定字段的最小值。例如 MONTH 的最小值为 0(表示 1 月)
void set(int field, int value)	设置 field 的值对应的值
void set(int year, int month, int day)	依次设置年、月、日
void set(int year, int month, int day, int hourOfDay, int minute, int second)	依次设置年、月、日、时、分、秒
void setTime(Date date)	把 Date 对象转换为对应的 Calendar 对象
Date getTime()	把 Calendar 对象转换为对应的 Date 对象

Calendar 类的 field 的值如表 6.11 所示。

表 6.11　　　　　　　　　　　　　　Calendar 类的 field 的值

field 的值	解释
AM_PM	上午或下午。它的值不建议使用具体的数字,而应该为 AM 或 PM(AM 表示上午,PM 表示下午)
DATE	同 DATE_OF_MONTH,一个月中的第几日
DATE_OF_MONTH	同 DATE,一个月中的第几日
DATE_OF_WEEK	一个星期中的第几日。它的值不建议使用具体的数字,而应该为 SUNDAY、MONDAY、TUESDAY、WEDNESDAY、THURSDAY、FRIDAY、SATURDAY 中的一个
DATE_OF_WEEK_IN_MONTH	当前日期是本月的第几个星期几
DATE_OF_YEAR	一年中的第几日
HOUR	小时的值。该值的范围为 0~11

续表

field 的值	解释
HOUR_OF_DAY	一天中的第几个小时。该值的范围为 0～23
MILLISECOND	一秒中的毫秒数。该值的范围为 0～999
MINUTE	一小时中的分钟数。该值的范围为 0～59
MONTH	一年中的月数。该值的范围为 0～11（注意实际月份为 MONTH+1，如 0 表示 1 月）
SECOND	一分钟中的秒数。该值的范围为 0～59
WEEK_OF_MONTH	一个月中的第几个星期
WEEK_OF_YEAR	一年中的第几个星期
YEAR	年

由于篇幅所限，更多关于 Calendar 的介绍和说明不再一一列出，读者可参考 Javadoc 文档。具体使用方法参考例 6.3。

【例 6.3】使用 Calendar 类描述日期和时间相关的信息，代码如下：

Example_datetime_2\Test.java

```java
import java.util.Calendar;

public class Test {

    public static void main(String[] args) {
        Calendar cal = Calendar.getInstance();
        /* 获取当前的日期和时间 */
        int curYear = cal.get(Calendar.YEAR);
        int curMonth = cal.get(Calendar.MONTH);
        int curDate = cal.get(Calendar.DATE);
        System.out.println("当前日期是: " + curYear + "-" + curMonth + "-" + curDate);
        int curHour = cal.get(Calendar.HOUR_OF_DAY);
        int curMinute = cal.get(Calendar.MINUTE);
        int curSecond = cal.get(Calendar.SECOND);
        System.out.println("当前时间是: " + curHour + ":" + curMinute + ":" + curSecond);

        /* 设置时间 */
        cal.set(2012, 12, 21, 15, 14, 35);
        cal.add(Calendar.YEAR, -1);  // 推前一年
        cal.roll(Calendar.MONTH, 1); // 推后一个月，不进位
        int newYear = cal.get(Calendar.YEAR);
        int newMonth = cal.get(Calendar.MONTH);
        System.out.println("新的时间是: " + newYear + "-" + newMonth);

        /* 获取日历中各字段的最大值、最小值 */
        int yearMax = cal.getActualMaximum(Calendar.YEAR);
        int yearMin = cal.getActualMinimum(Calendar.YEAR);
        System.out.println("YEAR 的最大值为: " + yearMax + "; 最小值为: " + yearMin);
        int monthMax = cal.getActualMaximum(Calendar.MONTH);
        int monthMin = cal.getActualMinimum(Calendar.MONTH); // 注意：12 月的值为 0
        System.out.println("MONTH 的最大值为: " + monthMax + "; 最小值为: " + monthMin);
        int dateMax = cal.getActualMaximum(Calendar.DATE);
        int dateMin = cal.getActualMinimum(Calendar.DATE);
        System.out.println("DATE 的最大值为: " + dateMax + "; 最小值为: " + dateMin);
        int hourMax = cal.getActualMaximum(Calendar.HOUR);
        int hourMin = cal.getActualMinimum(Calendar.HOUR);
        System.out.println("HOUR 的最大值为: " + hourMax + "; 最小值为: " + hourMin);
```

```
        int hourOfDayMax = cal.getActualMaximum(Calendar.HOUR_OF_DAY);
        int hourOfDayMin = cal.getActualMinimum(Calendar.HOUR_OF_DAY);
        System.out.println("HOUR_OF_DAY 的最大值为:" + hourOfDayMax + ";最小值为:" +
hourOfDayMin);
        int minuteMax = cal.getActualMaximum(Calendar.MINUTE);
        int minuteMin = cal.getActualMinimum(Calendar.MINUTE);
        System.out.println("MINUTE 的最大值为:" + minuteMax + ";最小值为:" + minuteMin);
        int secondMax = cal.getActualMaximum(Calendar.SECOND);
        int secondMin = cal.getActualMinimum(Calendar.SECOND);
        System.out.println("SECOND 的最大值为:" + secondMax + ";最小值为:" + secondMin);
    }
}
```

运行程序，输出结果如下：

当前日期是：2021-11-24
当前时间是：17:10:10
新的时间是：2012-1
YEAR 的最大值为：292278994；最小值为：1
MONTH 的最大值为：11；最小值为：0
DATE 的最大值为：29；最小值为：1
HOUR 的最大值为：11；最小值为：0
HOUR_OF_DAY 的最大值为：23；最小值为：0
MINUTE 的最大值为：59；最小值为：0
SECOND 的最大值为：59；最小值为：0

上面的代码中，需要注意的是：在 Calendar 类中，Month 的取值范围是 0~11，因此值为 0 的时候代表 1 月，值为 1 的时候代表 2 月，依此类推。

6.5.3 SimpleDateFormat 类

可以通过 SimpleDateFormat 类设置日期显示格式，该类位于 java.text 包下，若要使用该类，则需要通过如下代码导入。

```
import java.text.SimpleDateFormat;
```

SimpleDateFormat 类的构造器如表 6.12 所示。

表 6.12 SimpleDateFormat 类的构造器

构造器	解释
SimpleDateFormat ()	空的模板，待添加具体的格式
SimpleDateFormat (String pattern)	根据特定的模板设定日期的格式

pattern 参数中的符号如表 6.13 所示。

表 6.13 pattern 参数中的符号

符号	解释	符号	解释
y	年数	a	AM/PM 标记。值要么为 AM，要么为 PM
M	一年中的第几个月。可为数字或英文缩写	H	一天中的第几个小时。范围为 0~23
W	一个月中的第几个星期	K	AM/PM 中的第几个小时。范围为 0~11
w	一年中的第几个星期	h	AM/PM 中的第几个小时。范围为 1~12
D	一年中的第几天	k	一天中的第几个小时。范围为 1~24
d	一个月中的第几天	m	一小时中的第几分钟
E	一个星期中的第几天	s	一分钟中的第几秒

其中，对应的字符连续出现多少次，则表示最少用多少位表示。"m"表示最少可以用一位数表示月份，如 7 月则显示为 "7"，12 月则显示为 "12"；"mm" 表示最少可以用两位数表示月份，如 7 月显示为 "07"。具体可参考例 6.4。

【例 6.4】使用 SimpleDateFormat 类设置日期显示格式，代码如下：

Example_datetime_3\Test.java

```java
import java.text.SimpleDateFormat;
import java.util.Calendar;
import java.util.Date;

public class Test {

    public static void main(String[] args) {

        Calendar cal = Calendar.getInstance();
        cal.set(1999, 12, 31, 23, 59, 59);
        Date date1 = cal.getTime();
        cal.set(2000, 1, 1, 0, 0, 0);
        Date date2 = cal.getTime();

        String[] formats = new String[] {
            "yyyy-M-d",
            "yyyy-MM-dd",
            "yyyy-MM-dd H:m:s",
            "yyyy-MM-dd HH:mm:ss",
            "yyyy-MM-dd E HH:mm:ss",
        };
        for (String format : formats) {
            SimpleDateFormat df = new SimpleDateFormat(format);
            System.out.println(df.format(date1));
            System.out.println(df.format(date2));
        }
    }
}
```

运行程序，输出结果如下：
```
2000-1-31
2000-2-1
2000-01-31
2000-02-01
2000-01-31 23:59:59
2000-02-01 0:0:0
2000-01-31 23:59:59
2000-02-01 00:00:00
2000-01-31 星期一 23:59:59
2000-02-01 星期二 00:00:00
```

可以看到，使用 SimpleDateFormat 类可以设置不同的日期显示格式。

6.6 字符串操作相关的类

字符串操作是计算机程序中较常见的操作。在本书的学习过程中，目前大家熟悉的对字符串的操作都是使用的 String 类。但实际上，Java 中关于字符串操作的类除了 String 外，还有 StringBuffer 和 StringBuilder。那这 3 个类之间的差别在哪里呢？下面来具体探讨一下。

6.6.1 String 类

String 类的对象是不可变的。也就是说一旦通过 String 创建了字符串,在有效的生命周期内它的值都是不可改变的。String 类的构造器如表 6.14 所示。

表 6.14　　　　　　　　　　　　　　　String 类的构造器

构造器	解释
String()	创建一个空字符串。注意空字符串并不是 null
String(byte[] data)	把字节数组转换为字符串,使用系统默认的字符集
String(byte[] data, String charsetName)	把字节数组转换为字符串,使用指定的字符集
String(byte[] data, int offset, int byteCount)	把字节数组中从 offset 位置开始、长度为 byteCount 的数组元素转换为字符串,并使用系统默认的字符集
String(byte[] data, int offset, int byteCount, String charsetName)	把字节数组中从 offset 位置开始、长度为 byteCount 的数组元素转换为字符串,并使用指定的字符集
String(char[] data)	把字符数组转换为字符串
String(char[] data, int offset, int charCount)	把字符数组中从 offset 位置开始、长度为 charCount 的数组元素转换为字符串
String(String toCopy)	创建字符串的副本
String(StringBuffer stringBuffer)	根据 StringBuffer 对象创建字符串
String(StringBuilder stringBuilder)	根据 StringBuilder 对象创建字符串

同时,String 类也提供了大量的方法来操作字符串对象。String 类的常用方法如表 6.15 所示。

表 6.15　　　　　　　　　　　　　　　String 类的常用方法

方法	解释
char charAt(int index)	获取字符串中指定位置的字符
int compareTo(String string)	与另一个字符串比较(ASCII 顺序)。如果两个字符串完全相同,则返回 0;如果当前字符串小于字符串参数,则返回小于 0 的值;如果当前字符串大于字符串参数,则返回大于 0 的值
String concat(String string)	将当前字符串与字符串参数连接在一起,相当于对两个字符串进行加运算
boolean contentEquals(StringBuffer strbuf)	将当前字符串与 StringBuffer 对象比较。当内容相同时,返回 true
static String copyValueOf(char[] data, int start, int length)	将字符数组 data 中从 start 位置开始、长度为 length 的数组元素连接成字符串
boolean endWith(String suffix)	如果字符串以 suffix 结尾,则返回 true,否则返回 false
boolean equals(Object object)	将字符串与对应的对象比较。如果包含的字符序列相等,则返回 true,否则返回 false。(该方法实际上是重写 Object 的 equals()方法,所以一般情况下 object 应该也为 String 类型)
int indexOf(int ch)	找出 ch 在字符串中第一次出现的位置
int indexOf(int ch, int fromIndex)	找出 ch 在字符串中 fromIndex 后第一次出现的位置
int indexOf(String str)	找出 str 子字符串在字符串中第一次出现的位置
int indexOf(String str, int fromIndex)	找出 str 子字符串在字符串中 fromIndex 后第一次出现的位置
int lastIndexOf(int ch)	找出 ch 在字符串中最后一次出现的位置
int lastIndexOf(int ch, int fromIndex)	找出 ch 在字符串中 fromIndex 后最后一次出现的位置
int lastIndexOf(String str)	找出 str 子字符串在字符串中最后一次出现的位置
int lastIndexOf(String str, int fromIndex)	找出 str 子字符串在字符串中 fromIndex 后最后一次出现的位置

续表

方法	解释
int length()	返回当前字符串的长度
String replace(char oldChar, char newChar)	将字符串中第一个出现的字符 oldChar 替换成 newChar
boolean startsWith(String prefix)	判断该字符串是否以 prefix 开始
String substring(int start, int end)	获取从 start 开始到以 end 结束的子字符串
Char[] toCharArray()	将该字符串转换成 Char 数组
String toLowerCase()	将字符串中的元素全部转换为小写形式
String toUpperCase()	将字符串中的元素全部转换为大写形式

这里列出的只是一些常用的 String 类的方法，更详细的内容读者可参考 JDK 文档。

仔细查看 JDK 文档会发现，String 类中每一个看起来会修改 String 值的方法或者连接操作符+的操作实际上都创建了一个全新的 String 对象，并包含了修改后的字符串内容，而最初的 String 对象丝毫没有变化。事实上，如果进行如下操作：

```
String str = "hello";
str = str + "world";
```

这里好像只有一个 String 变量 str，它的最终值为 helloworld。但实际上，在系统内部还会产生两个临时变量 hello 和 helloworld，str 一开始是指向 hello 的，后来又指向了 helloworld。类似地，在使用 String 的过程中，系统内部会产生很多这样的临时变量，临时变量少则没太大影响，一旦频繁对字符串进行操作的话，效率就会降低。例如以下操作：

```
String s = "age" + 28 + "area" + 20;
```

上述代码中，首先通过 age 和 28 的连接，产生一个临时的 String 变量 age28；然后 age28 和 area 连接，又产生一个临时的 String 变量 age28area；最后 age28area 和 20 连接，产生最终的 String 变量 age28area20。类似这样的操作，就可能会产生一大堆需要回收的中间对象。

当然，以目前 Java 编译器的版本，编译器可能会对简单的连接操作进行一些优化，但在比较复杂的情况下，例如通过循环对字符串进行连接就比较麻烦。为避免这种情况，可以考虑使用 StringBuffer 和 StringBuilder。

6.6.2 字节数组、字符数组与字符串的转换

Java 中，byte 表示字节型，长度是 8 位。char 表示字符型，长度是 16 位。而 String 表示字符串，是一个个字符的集合。

如果要把字节数组和字符数组转换成字符串，可以通过 String 类的构造器传入字节数组或字符数组实现；如果要把字符串转换成字节数组或字符数组，可以通过 String 类的 getBytes()和 getChars()方法实现。具体使用方法参考例 6.5。

【例 6.5】实现字节数组、字符数组、字符串之间的转换，代码如下：

Example_string_1\Test.java
```
public class Test {
    public static void main(String[] args) {
        // 字节数组转换成字符串
        byte[] byteArr1 = new byte[]{65, 66, 67, 68, 69, 70};
        String str1 = new String(byteArr1);
        System.out.println(str1);
```

```java
        // 字符数组转换成字符串
        char[] charArr2 = new char[]{'g', 'h', 'i', 'j', 'k', 'l'};
        String str2 = new String(charArr2);
        System.out.println(str2);
        // 字符串转换成字节数组
        String str3 = "123456";
        byte[] byteArr3 = str3.getBytes();
        for(byte b : byteArr3) {
            System.out.print(b);
        }
        System.out.println();
        // 字符串转换成字符数组
        String str4 = "567890";
        char[] charArr4 = new char[str4.length()];
        str4.getChars(0, charArr4.length, charArr4, 0);
        for(char c : charArr4) {
            System.out.print(c);
        }
        System.out.println();
    }
}
```

运行程序，输出结果如下：

```
ABCDEF
ghijkl
495051525354
567890
```

在进行文件输入/输出、网络通信编程的时候，经常会出现字节、字符、字符串之间的转换问题，读者需要熟悉这些转换方法。

6.6.3 StringBuilder 和 StringBuffer 类

StringBuilder 类提供了一系列对字符串进行追加、截取等操作的方法，StringBuilder 类的常用方法如表 6.16 所示。

表 6.16　　　　　　　　　　　　StringBuilder 类的常用方法

方法	解释
StringBuilder append(type t)	将参数 t 的值转换为字符型，并添加到字符串末尾。参数的数据类型可以为 boolean、char、float、double、int、long、char[]、String、StringBuffer、CharSequence、Object
StringBuilder append(char[] str, int offset, int len)	将字符数组中从 offset 位置开始、长度为 len 的数组元素追加到字符串末尾
StringBuilder insert(int offset, type t)	将数据类型转换为字符，并插入字符串对应的位置
StringBuilder insert(int offset, char[] str, int strOffset, int strLen)	将字符数组中从 offset 位置开始、长度为 strLen 的数组元素插入字符串对应的位置
StringBuilder delete(int start, int end)	删除字符串中的子字符串
StringBuilder deleteCharAt(int index)	删除字符串中指定位置的字符
StringBuilder replace(int start, int end, String string)	将字符串中从 start 到 end 位置的子字符串替换
StringBuilder reverse()	将字符串反转
int length()	字符串的长度
void setLength()	设置字符串的长度

这里要说明的是，StringBuilder 的实现原理是在系统中创建一个缓冲区，然后不断向其中添加字符。添加字符后，只有当字符串的长度比缓冲区大的时候，才需要修改缓冲区的大小。这样就可以避免频繁地修改缓冲区，相应来说效率会有很大的提高。

下面通过例 6.6 来了解 StringBuilder 的效率。

【例 6.6】使用 StringBuilder 类构建字符串，代码如下：

Example_string_2\Test.java

```java
public class Test {

    public static void main(String[] args) {
        /* 测试 String 进行字符串附加操作的时间 */
        String text = "";
        long beginTime = System.currentTimeMillis();
        for (int i = 0; i < 10000; i++)
            text = text + i;
        long endTime = System.currentTimeMillis();
        System.out.println("String 执行时间：" + (endTime - beginTime)+"毫秒");

        /* 测试 StringBuilder 进行字符串附加操作的时间 */
        StringBuilder sb = new StringBuilder("");
        beginTime = System.currentTimeMillis();
        for (int i = 0; i < 10000; i++)
            sb.append(String.valueOf(i));
        endTime = System.currentTimeMillis();
        System.out.println("StringBuilder 执行时间：" + (endTime - beginTime)+"毫秒");
    }
}
```

运行程序，输出结果如下：

```
String 执行时间：383 毫秒
StringBuilder 执行时间：2 毫秒
```

运行结果可能让人很诧异，StringBuilder 类占用时间极少。这个效率是 String 类无法达到的。

StringBuffer 类和 StringBuilder 类大同小异，唯一的区别在于：StringBuffer 类是线程安全的，但运行速度会稍微慢一些。所以，如果是多线程的程序，应该使用 StringBuffer 类；如果是单线程的程序，应该使用 StringBuilder 类。

需要注意的是，StringBuilder 类或 StringBuffer 类与 String 类并没有类的继承关系。

6.7 随机类

Java 中的 Random 类实现的是"伪随机"，即有规则的随机。不过一般可以直接使用 Random 产生随机数。

Random 类包含两个构造器。

（1）无参数的构造器

```java
public Random() {}
```

该构造器使用一个与当前系统时间对应的、与相对时间有关的数字作为种子数，然后使用这个种子数构造 Random 对象。

（2）有一个参数的构造器

public Random(long seed) {}

该构造器通过确定一个种子数创建随机数。

注意：这个随机数只是随机算法的起源数字，与生成的随机数字的区间无关，例如写成"new Random(10)"，并不代表随机数生成的区间就是 0~10。

当创建 Random 对象后，可以通过表 6.17 所示的方法创建随机数。

表 6.17　　　　　　　　　　　　　　　Random 类的常用方法

方法	解释
nextBoolean()	生成随机的 boolean 值，即生成 true 和 false（各有 50%的概率）
nextDouble()	生成随机的 double 值，值的范围为(0.0, 1.0)
nextInt()	生成随机的 int 值，值的范围为$-2^{31} \sim 2^{31}-1$
nextInt(int n)	生成随机的 int 值，值的范围为[0, n)。值可以为 0，但不能为 n
setSeed(long seed)	重新设置 Random 对象中的种子数

举个例子：扔骰子，随机生成 1~6 的一个值。见例 6.7。

【例 6.7】使用 Random 类随机生成 1~6 的一个数，代码如下：

Example_random_1\Test.java

```
import java.util.Random;

public class Test {

    public static void main(String[] args) {
        Random r1 = new Random();
        int face = r1.nextInt(6) + 1;
        System.out.println(face);
    }
}
```

运行程序，将在 1、2、3、4、5、6 这几个数字中随机生成输出结果。

6.8　正则表达式

正则表达式是对字符串进行操作的一种逻辑公式，就是用事先定义好的一些特定字符或这些特定字符的组合组成一个"规则字符串"，用来表达对字符串的一种过滤逻辑。

需要注意的是，正则表达式与具体的编程语言无关，理论上任何编程语言都可以用正则表达式表示具有某种特殊意义的字符串。

6.8.1　Pattern 与 Matcher 类

Java 中，可以使用 Pattern 和 Matcher 类来描述正则表达式。它们都位于 java.util.regex 包下。其中：

Pattern 表示正则表达式编译后的表现模式；

Matcher 表示状态机器，它会以 Pattern 对象作为匹配模式对字符串进行匹配检查。

正则表达式操作中一般需要两个字符串。一个是用于匹配的模板，称为规则（regex）。另一个则是被匹配的对象，称为输入（input）。可以通过如下代码，进行较简单的正则表达式操作：

```
Pattern pattern = Pattern.compile(regex); // 制作模板
Matcher matcher = pattern.matcher(input); // 输入字符串与模板进行匹配
if(matcher.find()) {
    // 匹配上的操作
}
```

具体使用参考例6.8。

【例 6.8】使用 Pattern 类制作正则模板，并使用 Matcher 类进行正则匹配，代码如下：

Example_regexp_1\Test.java

```
import java.util.Scanner;
import java.util.regex.Matcher;
import java.util.regex.Pattern;

public class Test {

    public static void main(String[] args) {
        String regex = "he";
        System.out.print("请输入: ");
        Scanner scanner = new Scanner(System.in);
        String input = scanner.nextLine();
        Pattern pattern = Pattern.compile(regex); // 制作模板
        Matcher matcher = pattern.matcher(input); // 输入字符串与模板进行匹配
        if(matcher.find()) {
            System.out.println(input + "能够匹配");
        } else {
            System.out.println(input + "不能够匹配");
        }
    }
}
```

运行程序，尝试输入不同的值，观察输出的结果。

请输入：hello
hello 能够匹配

请输入：hi
hi 不能够匹配

可以看到，只有输入的字符串中包含 he 子字符串时，才能被正则模板匹配。

6.8.2 元字符

例 6.8 只能匹配字符串中出现 he 字样的字符串，例如 he、hello、she、coherent 等。但如果想匹配更多的内容呢？例如希望可以匹配英文大写字符（如 Hello）、多个候选字符串（如 he、hi、ha）。或者需要一些约束，例如希望 he 只能出现在字符串的最前面等。此时可以使用正则表达式的元字符充实正则模板。

正则表达式的元字符如表 6.18 所示。

表 6.18　　　　　　　　　　　　　正则表达式的元字符

元字符	解释
^	匹配输入字符串的开始位置
$	匹配输入字符串的结束位置
*	匹配前面的子表达式任意次。例如，zo*能匹配 z，也能匹配 zo 及 zoo
+	匹配前面的子表达式 1 次或多次（大于等于 1 次）。例如，zo+能匹配 zo 及 zoo，但不能匹配 z
?	匹配前面的子表达式 0 次或 1 次。例如，do(es)?可以匹配 do 或 does 中的 do
{n}	n 是一个非负整数。匹配确定的 n 次。例如，o{2}不能匹配 Bob 中的 o，但能匹配 food 中的两个 o
{n,}	n 是一个非负整数。至少匹配 n 次。例如，o{2,}不能匹配 Bob 中的 o，但能匹配 foooood 中的所有 o。o{1,}等价于 o+，o{0,}则等价于 o*
{n,m}	m 和 n 均为非负整数，其中 n<=m。最少匹配 n 次且最多匹配 m 次。例如，fo{1,3}d 将匹配 fod、food、foood。注意逗号和两个数之间不能有空格
.(圆点)	匹配除\r\n 之外的任意单个字符
x|y	匹配 x 或 y。例如，z|food 能匹配 z 或 food（此处应谨慎），[z|f]ood 则匹配 zood 或 food
[xyz]	字符集合。匹配包含的任意一个字符。例如，[abc]可以匹配 plain 中的 a
[^xyz]	负值字符集合。匹配未包含的任意字符。例如，[^abc]可以匹配 plain 中的 plin
[a-z]	字符范围。匹配指定范围内的任意字符。例如，[a-z]可以匹配 a～z 的任意小写字母字符 注意：只有连字符在字符组内部，并且出现在两个字符之间时，才能表示字符的范围；如果出现在字符组的开头，则只能表示连字符本身
[^a-z]	负值字符范围。匹配不在指定范围内的任意字符。例如，[^a-z]可以匹配 a～z 范围外的任意字符
\d	匹配一个数字字符。等价于[0-9]。
\D	匹配一个非数字字符。等价于[^0-9]
\w	匹配包括下画线的任意单词字符。类似但不等价于[A-Za-z0-9_]，这里的"单词"字符使用 Unicode 字符集
\W	匹配任何非单词字符。等价于[^A-Za-z0-9_]
()	将( )内的表达式定义为"组"（group），并且将匹配这个表达式的字符保存到一个临时区域（一个正则表达式中最多可以保存 9 个），它们可以用\1～\9 的符号来引用
|	将两个匹配条件进行逻辑或运算。例如正则表达式(him|her) 匹配 it belongs to him 和 it belongs to her，但是不能匹配 it belongs to them。 注意：这个元字符并不是所有软件都支持的

现在来完善例 6.8，见例 6.9。

【例 6.9】使用 ^ 元字符匹配字符串开头，代码如下：

Example_regexp_2\Test.java
```java
import java.util.Scanner;
import java.util.regex.Matcher;
import java.util.regex.Pattern;

public class Test {

    public static void main(String[] args) {
        String regex = "^he"; // 只匹配以 he 开头的字符串
        System.out.print("请输入: ");
        Scanner scanner = new Scanner(System.in);
        String input = scanner.nextLine();
        Pattern pattern = Pattern.compile(regex);
        Matcher matcher = pattern.matcher(input);
        if(matcher.find()) {
            System.out.println(input + "能够匹配");
```

```
        } else {
            System.out.println(input + "不能够匹配");
        }
    }
}
```

运行程序，尝试输入不同的值，观察输出的结果。

请输入：here
here 能够匹配

请输入：she
she 不能够匹配

可以看到，只有输入的字符串以 he 子字符串开头时，才能被正则模板匹配。

读者可以尝试制作基于其他元字符的模板，限于篇幅，这里不详细描述。

6.8.3 提取匹配的关键字

如果需要提取关键字，把关键字对应的表达式用()标识。匹配成功后，通过 matcher.group(n)找到对应的()中的值。当 n=0 时，表示整个匹配的字符串；当 n>0 时，表示第 n 个匹配的内容。

具体可参考例 6.10。

【例 6.10】使用 matcher.group()方法提取匹配的关键字，代码如下：

Example_regexp_3\Test.java

```java
import java.util.Scanner;
import java.util.regex.Matcher;
import java.util.regex.Pattern;

public class Test {

    public static void main(String[] args) {
        String regex = "学(.*)";
        System.out.println("请问你要学什么?");
        Scanner scanner = new Scanner(System.in);
        String input = scanner.nextLine();
        Pattern pattern = Pattern.compile(regex);
        Matcher matcher = pattern.matcher(input);
        if(matcher.find()) {
            System.out.println(matcher.group(1));
        } else {
            System.out.println("无法识别请重试");
        }
    }
}
```

运行程序，尝试输入不同的值，观察输出的结果。

请问你要学什么?
java
无法识别请重试

请问你要学什么?
学 java
java

程序要求用户在提示信息后输入以"学"子字符串开头的内容，并将后面的信息进行匹配与输出。

6.8.4 正则表达式的字符串操作

String 类针对正则表达式的字符串操作提供的方法如表 6.19 所示。

表 6.19　　　　　　　　　　　正则表达式的字符串操作提供的方法

方法	解释
boolean matches(String regex)	测试该字符串能否匹配对应的正则表达式
String replaceAll(String regex, String replacement)	把字符串中与正则表达式匹配的所有子字符串替换成对应的内容
String replaceFirst(String regex, String replacement)	把字符串中与正则表达式匹配的第一个子字符串替换成对应的内容
String[] split(String regex)	把正则表达式作为分隔符，拆分字符串

字符串的拆分参考例 6.11。

【例 6.11】使用 split()方法对字符串进行拆分，代码如下：

Example_regexp_4\Test.java
```java
public class Test {

    public static void main(String[] args) {
        String input = "user:zhangsan,lisi";
        String result[] = input.split(":|,");
        System.out.println("key is " + result[0]);
        System.out.print("value is " );
        for(int i = 1; i < result.length; i++) {
            System.out.print(result[i] + " ");
        }
        System.out.println();
    }
}
```

运行程序，输出结果如下：
```
key is user
value is zhangsan lisi
```
程序中，把字符串按照":"和","拆分为子字符串，拆分后的各个子字符串会被保存到 result 数组中。

正则表达式操作比较复杂，这里只列出一些简单的用法。有兴趣的读者可以自行查阅相关资料。

6.9 习　　题

一、选择题

1. 下列对 Java 语言中数据类型和包装类的描述正确的是（　　）。

　　A. 基本数据类型是包装类的简写形式，可以用包装类替代基本数据类型

　　B. double 和 long 都占了 64 位（64bit）的存储空间

　　C. 默认的整型是 int，默认的浮点型是 float

D. 与包装类一样，基本数据类型声明的变量中也具有静态方法，用来完成进制转换等

2. 下列关于 StringBuffer 和 StringBuilder 的描述正确的是（　　）。

   A. StringBuffer 是线程安全的，StringBuilder 是线程不安全的

   B. StringBuffer 是线程不安全的，StringBuilder 是线程安全的

   C. StringBuffer 和 StringBuilder 的方法是不同的

   D. StringBuffer 和 StringBuilder 都是线程不安全的

3. 下列关于 Object 类的 toString() 方法描述不正确的是（　　）。

   A. toString() 方法返回对象的字符串表示内容

   B. Object 中的 toString() 方法在实际应用中没有实际意义

   C. Java API 中的很多类都重写了 Object 类中的 toString() 方法

   D. toString() 方法和 String() 方法是不同的

4. 下列说法不正确的是（　　）。

   A. 字符串缓冲区用于提高字符串的操作效率

   B. StringBuffer 是线程安全的

   C. StringBuilder 是线程安全的

   D. String 类的 valueOf() 方法可以将任意数据类型转换成字符串

5. 下列程序输出的结果是（　　）。

```java
public class Test {
    public static void main(String[] args) {
        StringBuffer sb = new StringBuffer();
        sb.append("abc").append("def");
        showInfo(sb, "123");
        System.out.println(sb.length());
    }
    public static void showInfo(StringBuffer sb, String string) {
        sb.append(string);
    }
}
```

   A. 0   B. 3   C. 6   D. 9

二、填空题

1. 下列程序中，要求能正确输出当前时间，则空白处要填写的代码为_____。

```java
public class Test {
    public static void main(String args[]) {
        Date date = new Date( );
        _____;
        System.out.println("当前时间为: " + time.format(date));
    }
}
```

2. 下列程序中，要求能正确输出学生信息，则空白处要填写的代码为_____。

```java
class Student {
    String name;
    int age;
    String gender;
    _____;
}
```

```
public class Test {
    public static void main(String[] args) {
        Student stu = new Student();
        stu.name = "小绿";
        stu.age = 18;
        stu.gender = "男";
        System.out.println(stu);
    }
}
```

3. 下列程序中，要求能随机输出范围为 1～10 的一个整数，则空白处要填写的代码为_____。

```
public class Test {
    public static void main(String[] args) {
        _____;
        System.out.println(num);
    }
}
```

4. 下列程序中，要求使用正则表达式并输出"Java 是世界上最好的语言"，则空白处要填写的代码为_____、_____。

```
public class Test {
    public static void main(String[] args) {
        String str = "Java 是...世界上最好的...语言";
        _____;
        _____;
        System.out.println(str1);
    }
}
```

三、编程题

1. 输出 1～20 的立方值。（要求使用 Math 类）

2. 根据要求编写代码。

（1）定义 byte、short、float 类型的变量，并把它们的值转换为包装类对象。

（2）把包装类对象转换回基本数据类型。

（3）获取 byte、short、float 类型变量的最小值。

3. 给出任意两个日期，编程计算它们相差的天数。

4. 编写一个程序，将字符串 gnitseretnI si avaJ ni gnimmargorP 反转。

5. 编写一个程序，模拟登录的效果，具体要求如下。

（1）定义两个字符串对象，用于保存用户名和密码（假设用户名为 java，密码为 java123）。

（2）用户输入用户名和密码。

（3）判断输入的用户名和密码是否与保存的一致。

① 如果一致，提示登录成功。

② 如果不一致，提示登录失败，并提示剩余登录次数。

③ 如果连续 3 次都没有正确输入用户名和密码，则提示用户名和密码被冻结。

要求运行结果如下：

请输入用户名：

java

请输入密码:
java123
登录成功

请输入用户名:
java
请输入密码:
java111
登录失败，还有 2 次
请输入用户名:
python
请输入密码:
java123
登录失败，还有 1 次
请输入用户名:
java
请输入密码:
java222
用户名和密码被冻结!

6. 定义一个长度为 5 的整型数组，保存用户通过键盘输入的 5 个整数，并计算输入数据的平均值、最大值、最小值。

第 2 篇

高 级 篇

第7章 异常处理

学习目标

了解异常的基本概念。

掌握 Java 中异常处理相关的语法。

掌握 try、catch、finally、throw、throws 的使用场合。

掌握异常的捕获与抛出，能根据实际情况权衡捕获异常或抛出异常。

掌握哪种情况下需要使用异常对代码进行处理，进一步确保代码的稳健性。

Java 中的异常一般分为编译时异常和运行时异常。只有编译时异常才需要进行异常处理。对于运行时异常，可以不进行任何处理。

当需要对异常进行处理的时候，可以采用如下两种处理方法。

- 把可能出现异常的代码放到 try 代码块中，并通过 catch 代码块捕获异常。最后通过 finally 进行处理。
- 通过 throws 语句声明可能出现异常的方法，并把异常抛给方法的调用者处理。

另外，如果预计到代码可能会出现不可预测的情况，也可以使用 throw 语句主动抛出异常。

7.1 异常概述

异常又称为例外，是指在程序运行过程中由于某些不可知的原因而发生的意外事件（例如输入错误、硬件错误等）。异常通常是由外部原因导致的。它中断正在运行的程序的正常指令流，并使程序进入特定的异常处理流程。为了能够及时、有效地处理程序中的运行错误，必须使用异常类。

有无异常处理机制已经成为判断编程语言是否成熟的标准，面向过程的程序设计语言（如 C 语言）没有提供异常处理机制，当程序出现错误时，通常使用错误代码（error code）的方式来处理，但目前主流的面向对象编程语言（如 Java、Python、C++等）都具备成熟的异常处理机制。异常处理机制可以将程序中的异常处理代码与正常代码分离，从而提高程序的稳健性，并保证出现错误时，程序不至于崩溃，程序员也可以在短时间内找到错误的具体位置，并尽快修复错误。

7.2 异常处理相关语法

上面提到的面向过程的程序设计语言出现错误时使用错误代码的方式来处理，如下：
```
if (出现错误) {
    进行错误处理;
} else {
    正常操作;
}
```
而在面向对象的程序设计语言（例如 Java 语言）中，则通常采用异常处理机制来处理错误。它可将接收和处理错误的代码分离。这样可以帮助程序员厘清编程思路，也可以增强程序的可读性，方便代码维护人员阅读。

为此，需要引入几个关键字来描述异常处理相关的语句，如 try、catch、finally、throws 等，下面对其进行详细介绍。

7.2.1 try 和 catch 代码块

在 Java 中，当需要对异常进行处理时，会把正常操作的代码放在 try 语句中实现，同时把针对异常进行处理的代码放在 catch 语句中实现，如下：
```
try {
    正常操作;
} catch(Exception e) {
    异常处理;
}
```
这样，若 try 语句中的代码出现异常，系统将自动生成 Exception 类的对象，并提交给 Java 运行时环境。这个过程称为抛出（throw）异常。

7.2.2 多个 catch 代码块

try 代码块中的代码可能会出现多种异常，因此 try 后面可能需要加上多个不同的 catch 代码块，在实际运行的时候，将针对不同的异常进行不同的处理。

例如，Integer.parseInt(arr[2])这句代码可能会出现数组越界异常（当 arr 数组长度小于 3 的时候）和数字格式异常（当 arr[2]字符串中不是纯数字的时候）。

这种情况下，Java 将按照 catch 代码块出现的顺序依次判断该异常是否属于该 catch 代码块的异常类或其子类的实例。如果是，则调用该 catch 代码块中的代码来处理该异常；否则再与下一个 catch 代码块中的异常类进行比较。

一般来说，我们会把异常子类写在前面，而把异常父类写在后面。如果反过来写，将导致在后面的异常子类成为"不可进入"的代码，如下：
```
try {
    正常操作;
} catch(Exception e) {
    错误处理 1;
} catch(IOException e) {
    错误处理 2;
}
```

由于 Exception 为 IOException 的父类，这样即使 try 代码块中出现了 IOException，它也会被第一个 catch 代码块所捕获。这样第二个 catch 代码块将永远不会被运行。

关于多个 catch 代码块的具体使用，可以参考例 7.1。

【例 7.1】在异常处理代码中使用多个 catch 代码块，代码如下：

Example_trycatch_1\Test.java

```java
public class Test {

    public static void main(String[] args) {
        try {
            int a = Integer.parseInt(args[0]);
            int b = Integer.parseInt(args[1]);
            int c = a / b;
            System.out.println("您输入的两个数相除的结果是：" + c);
        } catch (IndexOutOfBoundsException e) {
            System.out.println("数组越界：运行程序时输入的参数个数不够");
        } catch (NumberFormatException e) {
            System.out.println("数字格式异常：程序只能接受整数参数");
        } catch (ArithmeticException e) {
            System.out.println("算术异常");
        } catch (Exception e) {
            System.out.println("未知异常");
        }
    }
}
```

运行程序时，根据输入参数的不同情况，可能出现多种异常，具体如下。

① 输入两个以上的参数，且参数格式正确。此时将正常显示输出结果。

```
java Test 7 3
```

运行程序，输出结果如下：

您输入的两个数相除的结果是：2

② 输入的参数格式不正确（例如输入浮点数），将抛出 NumberFormatException（数字格式异常）。

```
java Test 7 3.5
```

运行程序，输出结果如下：

数字格式异常：程序只能接受整数参数

③ 输入不合法的数值（例如第二个参数为 0），将抛出 ArithmeticException（算术异常）。

```
java Test 7 0
```

运行程序，输出结果如下：

算术异常

④ 没有输入参数，或输入参数的个数小于 2，将抛出 IndexOutOfBoundsException（数组越界异常）。

```
java Test
```

运行程序，输出结果如下：

数组越界：运行程序时输入的参数个数不够

可以看到，一个异常处理语句中可以包含多个 catch 代码块，但只有一个 catch 代码块中的代码会被运行。

7.2.3 错误和异常

在 Java 中,所有非正常的情况分成两种:错误和异常。图 7.1 描述了 Java 中错误和异常相关类的继承关系。

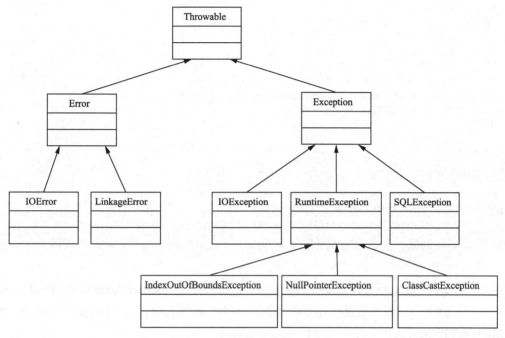

图 7.1　Java 中错误和异常相关类的继承关系

在 Java 中,Throwable 类是所有错误和异常的父类。只有当对象是该类或其子类的实例时,才能是 catch 中的参数类型。Throwable 有两个子类 Error 和 Exception。

① Error 指错误,用于指示程序本身无法克服和恢复的严重问题,一般是与硬件、虚拟机有关的问题,例如系统崩溃、内存不足等。这些问题程序无法进行处理,程序员也不应该在代码中试图捕获该错误。

② Exception 指异常,表示程序还能够克服和恢复的问题,一般是指软件运行时的错误,例如除数为 0 等。此时一般通过异常处理的 catch 代码块来捕获异常。

7.2.4 Exception 类

Exception 类提供表 7.1 所示的方法,当出现异常的时候,其可以用于获取相关的信息,方便程序员进行调试。

表 7.1　　　　　　　　　　　　　　**Exception 类的方法**

方法	解释
String getMessage()	返回异常的描述字符串
void printStackTrace()	输出出现异常时跟踪栈的信息
String getStackTrace()	返回异常的跟踪栈信息

具体参考例 7.2。

【例 7.2】使用 Exception 类的方法查看异常信息，代码如下：

Example_trycatch_2\Test.java
```java
public class Test {

    public static void main(String[] args) {
        int a = 6, b = 0, c;
        try {
            c = a / b;
        } catch (Exception e) {
            System.out.println(e.getMessage());
            e.printStackTrace();
        }
    }
}
```
运行程序，会报告如下错误。
```
/ by zero
java.lang.ArithmeticException: / by zero
      at Test.main(Test.java:6)
```
当程序运行的时候，由于出现了除数为 0 的异常，因此程序会运行异常处理代码，并输出调试信息。

其中"/ by zero"是 e.getMessage()获得的信息，其他的是 e.printStackTrace()输出的信息。程序员通过这些信息，就可以了解到出现异常的原因是在 c=a/b 处出现了除数为 0 的异常，从而可以针对此错误提出有效的解决方法。

7.2.5　finally 代码块

如果我们在 try 代码块中获取了一些资源，例如文件、数据库等，那么无论是否出现异常，这些资源都必须回收。

但是回收这些资源的代码，既不能写在 try 代码块中，也不能写在 catch 代码块中。异常处理机制为此提供了 finally 代码块。它写在异常处理代码的最后，不管 try 代码块中的代码是否出现异常，finally 代码块都会被执行。完整的异常处理代码模板如下：
```
try {
    正常操作;
} catch(Exception e) {
    错误处理;
} finally {
    后续处理;
}
```
具体使用方法参考例 7.3。

【例 7.3】在异常处理语句中使用 finally 代码块进行后续处理，代码如下：

Example_trycatch_3\Test.java
```java
import java.io.FileInputStream;
import java.io.IOException;
import java.io.InputStream;
```

```java
public class Test {
    public static void main(String[] args) {
        InputStream is = null;
        try {
            is = new FileInputStream("C:\a.txt");
        } catch (IOException e) {
            System.out.println(e.getMessage());
            // return 语句用于强制方法返回
            return;
            // 使用 exit 来退出虚拟机
        } finally {
            if (is != null) {
                try {
                    is.close();
                } catch (IOException e) {
                    e.printStackTrace();
                }
            }
            System.out.println("执行 finally 中的语句");
        }
    }
}
```

运行程序，当 C:\a.txt 文件不存在时，结果如下：

C:\a.txt（系统找不到指定的文件。）
执行 finally 中的语句

程序中，在 try 代码块中由于找不到文件，导致出现 IOException 异常，并在 catch 语句中被捕获。注意，catch 代码块中尽管有 return，但程序还是先执行了 finally 代码块中的代码，再退出方法。

如果我们把 return 语句换成 System.exit(1)，直接退出虚拟机，结果又是怎样的呢？

C:\a.txt（系统找不到指定的文件。）

此时 finally 代码块并没有被执行。所以我们不推荐在 try 代码块中直接退出虚拟机。

还有一个要注意的问题，就是不要在 finally 中试图用 return 返回一个值，这样可能会导致一些意想不到的逻辑错误。较明智的做法还是把 return 语句与 try、catch、finally 代码块隔离开来，单独实现。

7.2.6 throws 抛出异常

有时我们在当前的方法中不想处理异常，或者不知道应该怎样处理异常，这时可以通过 throws 语句把异常抛出，交由上一级的调用者来对它进行处理。特殊情况下，如果在 main()方法中也不知道如何处理异常，则也可以通过 throws 语句抛出异常，此时虚拟机会自动捕获并处理该异常。

可以把 throws 语句写在方法参数之后、花括号之前，格式如下：

[修饰符] 方法返回值类型 方法名(形参列表) throws Exception1, Exception2, ...
{
    // 0 到多条可执行语句
}

注意：当遇到异常时，要么使用 try...catch 来处理，要么使用 throws 抛出异常，两者不能同时使用。

关于 throws 的例子参考例 7.4。

【例 7.4】 在异常处理代码中使用 throws 语句抛出异常，代码如下：

Example_throws_1\Test.java
```java
public class Test {

    public static void main(String[] args) throws IOException {
        InputStream is = new FileInputStream("a.txt");
        is.close();
    }
}
```

运行程序，会报告如下异常。

```
Exception in thread "main" java.io.FileNotFoundException: a.txt (系统找不到指定的文件。)
        at java.io.FileInputStream.open0(Native Method)
        at java.io.FileInputStream.open(Unknown Source)
        at java.io.FileInputStream.<init>(Unknown Source)
        at java.io.FileInputStream.<init>(Unknown Source)
        at Test.main(Test.java:8)
```

如果我们调用的一个方法声明时会抛出异常，则表示在该方法中没有把异常处理掉，需要在当前方法中对异常进行处理，可以通过 try…catch 代码块处理，也可以继续往外抛出异常，见例 7.5。

【例 7.5】 调用一个会抛出异常的方法，代码如下：

Example_throws_2\Test.java
```java
import java.io.IOException;
import java.io.FileInputStream;
import java.io.InputStream;

public class Test {

    public static void main(String[] args)  {
        try {
            test();
        } catch (Exception e) {
            e.printStackTrace();
        }
    }

    public static void test() throws IOException {
        InputStream is = new FileInputStream("a.txt");
        is.close();
    }
}
```

运行程序，输出结果如下：

```
java.io.FileNotFoundException: a.txt (系统找不到指定的文件。)
        at java.io.FileInputStream.open0(Native Method)
        at java.io.FileInputStream.open(Unknown Source)
        at java.io.FileInputStream.<init>(Unknown Source)
        at java.io.FileInputStream.<init>(Unknown Source)
        at Test.test(Test.java:16)
        at Test.main(Test.java:9)
```

在 test() 方法中声明了该方法会抛出异常，此时异常在方法中没有被处理掉，则在调用 test() 方法的时候，需要通过 try…catch 代码块捕获异常。从运行的结果可以看到，解释器通过方法调用栈描述了程序是在 main() 方法调用 test() 方法的时候出现了 FileNotFoundException 异常。

7.3 异常分类

Java 中的异常也属于对象，通常分为两大类，分别是编译时异常（也叫 Checked 异常）和运行时异常（也叫 Runtime 异常）。常见的异常类如图 7.2 所示。

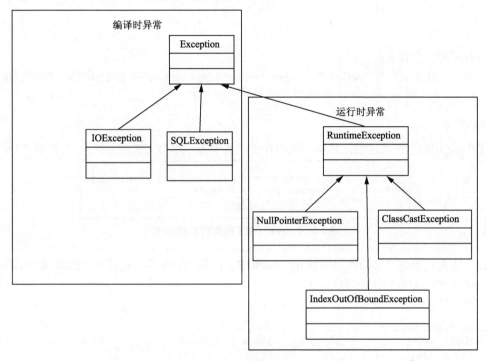

图 7.2 常见的异常类

区分编译时异常和运行时异常的方法如下：
- RuntimeException 或其子类属于运行时异常；
- Exception 的子类，除了 RuntimeException 及其子类以外，都属于编译时异常。

7.4 捕获异常

RuntimeException 类及其子类属于运行时异常。对于该异常编译器不会有任何提示，只有当程序实际运行过程中碰到实际问题时，异常才会出现。例如：

```
try {
    c = a / b;
} catch (Exception e) {
    e.printStackTrace();
}
```

该代码中，如果 b 为 0，则会出现除 0 异常；如果 b 非 0，则不会出现任何异常。因此当 Java 编译器把该代码编译成字节码时，系统无法判断是否出现异常；只有当程序真正运行起来，具体传入不同参数的时候，系统才能判断异常是否发生。

Exception 的子类，除了 RuntimeException 及其子类外，其余的都属于编译时异常。对于该异常编译器会给出相应的错误提示，存在该异常的程序不能运行。例如下面的代码中包含了编译时异常。

```java
import java.io.FileInputStream;
import java.io.InputStream;

public class Test {
    public static void main(String[] args) {
        InputStream is = null;
        is = new FileInputStream("C:\a.txt");
    }
}
```

编译程序时，会报告如下错误。

```
Test.java:7: 错误: 未报告的异常错误FileNotFoundException; 必须对其进行捕获或声明以便抛出
            is = new FileInputStream("C:\a.txt");
                 ^
```

1 个错误

在 Eclipse 中会以红色的波浪线标识出编译错误的地方（本书无法显示红色），如图 7.3 所示。

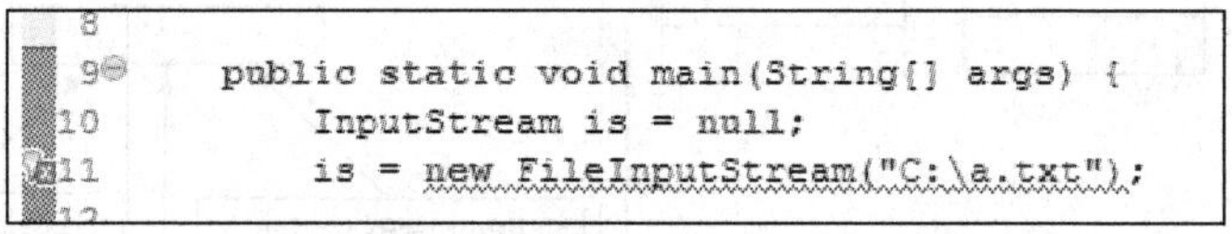

```
 8
 9⊖    public static void main(String[] args) {
10         InputStream is = null;
11         is = new FileInputStream("C:\a.txt");
12
```

图 7.3　Eclipse 中关于编译时异常的报错

因此，需要把出现异常的代码放到 try...catch 中，以捕获该异常，这样编译的时候才不会报错。

```java
import java.io.FileInputStream;
import java.io.InputStream;

public class Test {
    public static void main(String[] args) {
        InputStream is = null;
        try {
            is = new FileInputStream("C:\a.txt");
        } catch (IOException e) {
            e.printStackTrace();
        }
    }
}
```

7.5　抛出异常

在实现代码的时候，如果预计可能会出现不可预测的情况，我们也可以自行抛出异常来触发异常处理。自行抛出异常将使用 throw 语句来实现。语法如下：

```
throw ExceptionInstance;
```

这里 ExceptionInstance 指的是具体异常类的实例。

如果 throw 抛出的异常属于编译时异常，则 throw 语句本身要么处于 try...catch 代码块中，要么处于带 throws 声明的方法中；如果 throw 抛出的异常属于运行时异常，则无须处于 try...catch 代码块或 throws 方法中。参考例 7.6。

【例 7.6】抛出编译时异常和运行时异常的处理方式，代码如下：

Example_throw_1\Test.java
```java
public class Test {
```

```java
    public static void main(String[] args) {
        try {
            // 调用含有编译时异常的方法
            // 要么通过try代码块捕获，要么在main()方法中再次声明抛出异常
            throwChecked(1);
        } catch (Exception e) {
            e.printStackTrace();
        }

        // 调用含有运行时异常的方法，可不理会该异常
        throwRuntime(4);
    }

    public static void throwChecked(int a) throws Exception {
        if (a > 0) {
            // 通过throw抛出编译时异常
            // 代码要么处于try代码块中，要么处于throws声明的方法中
            throw new Exception("a 的值大于 0，不符合要求");
        }
    }

    public static void throwRuntime(int a) {
        if (a > 0) {
            // 通过throw抛出运行时异常
            // 代码无须处于try代码块或throws声明的方法中
            throw new RuntimeException("a 的值大于 0，不符合要求");
        }
    }
}
```

运行程序，输出结果如下：

```
java.lang.Exception: a 的值大于 0，不符合要求
        at Test.throwChecked(Test.java:20)
        at Test.main(Test.java:7)
Exception in thread "main" java.lang.RuntimeException: a 的值大于 0，不符合要求
        at Test.throwRuntime(Test.java:28)
        at Test.main(Test.java:13)
```

其中，throwChecked()方法中会抛出编译时异常，因此在方法中需要对该异常进行一定的处理，这里选择给该方法添加 throws 声明，把异常抛出给上一层的调用者 main()方法。由于 main()方法中调用了一个可能会抛出编译时异常的方法，因此也需要对这部分代码进行处理，这里选择把这部分代码放到 try...catch 代码块中，以便捕获该异常。

throwRuntime()方法中会抛出运行时异常，因此在方法中无须对该异常进行处理。main()方法中调用这个方法的代码也不需要进行任何异常处理。

使用 throw 抛出的更多的是自己定义的异常类。考虑到系统自带的异常类是固定的，在实际情况中不一定就能满足我们的需求，此时就需要定义自己的异常类。定义自己的异常类需要遵循如下规则：

- 自定义编译时异常应该继承自 Exception 父类；

- 自定义运行时异常应该继承自 **RuntimeException** 父类。

然后，在定义异常类时，需要提供至少两个构造方法：一个是无参数的构造方法；另一个是带一个字符串参数的构造方法，该字符串参数用于对该异常进行详细描述，见例 7.7。

【例 7.7】自定义异常类，代码如下：

Example_throw_2\MyException.java
```java
public class MyException extends Exception {

    private static final long serialVersionUID = 1L;

    /*
     * 自定义的异常类至少要有两个构造方法
     * 一个是无参数的构造方法
     * 一个是带一个字符串参数的构造方法
     */
    public MyException() {
        super();
    }

    public MyException(String message) {
        super(message);
    }
}
```

Example_throw_2\Test.java
```java
public class Test {

    public static void main(String[] args) throws MyException {
        int value = -1;
        if (value < 0) {
            throw new MyException("value 的值不能小于 0");
        }
    }
}
```

运行程序，输出结果如下：
```
Exception in thread "main" MyException: value 的值不能小于 0
    at Test.main(Test.java:6)
```

其中，**MyException** 是自定义的异常类。该类带一个字符串参数的构造方法中，参数即描述该异常的信息。

7.6 习　　题

一、选择题

1. 对于已经被定义过、可能抛出异常的语句，在编写代码的时候描述正确的是（　　）。

　　A. 必须使用 try...catch 语句处理异常，或用 throw 将其抛出

　　B. 如果程序错误，必须使用 try...catch 语句处理异常

　　C. 只能使用 try...catch 语句处理

D. 可以不需要任何操作

2. 下列对 catch 代码块的描述正确的是（　　）。

   A. 父类异常在前，子类异常在后
   B. 子类异常在前，父类异常在后
   C. 只能存在子类异常
   D. 父类异常与子类异常不能同时出现

3. 下面程序输出的结果是（　　）。
```
public class Test {
    public static void main(String[] args) {
        info();
    }
    public static void info() {
        try {
            System.out.println("A");
        } catch (Exception e) {
            System.out.println("B");
        } finally {
            System.out.println("C");
        }
        System.out.println("D");
    }
}
```
   A. ABC   B. ABD   C. ACD   D. BCD

4. 下面程序编译和运行的结果是（　　）。
```
public class Test {
    public static void main(String[] args) {
        try {
            return;
        } finally {
            System.out.println("finally");
        }
    }
}
```
   A. 编译能通过，但运行时会出现一个错误
   B. 程序可以正常运行，并输出 finally
   C. 程序可以正常运行，但不输出任何结果
   D. 因为没有 catch 代码块，所以不能通过编译

5. 下面程序输出的结果是（　　）。
```
public class Test {
    public static void main(String[] args) {
        try {
            throw new Exception();
        } catch (Exception e) {
            try {
                throw new Exception();
            } catch (Exception e2) {
                System.out.print("A");
            }
            System.out.print("B");
        }
        System.out.print("C");
    }
}
```

A. AB B. AC C. BC D. ABC

二、填空题

1. 在 Java 语言中，捕获异常要求在程序的方法中提前声明，在调用方法的时候用 _____ 语句捕获异常并处理。

2. 下面程序输出的结果是_____。

```java
public class Test {
    public static void main(String[] args) {
        int i = 0;
        String str[] = { "A", "B" };
        while (i < 4) {
            try {
                System.out.println(str[i]);
            } catch (ArrayIndexOutOfBoundsException e) {
                // TODO: handle exception
                System.out.println("C");
            }
            i++;
        }
    }
}
```

3. 下面程序输出的结果是_____。

```java
public class Test {
    public static void main(String[] args) {
        try {
            System.out.print("A");
        } catch (Exception e) {
            System.out.print("B");
        } finally {
            System.out.println("C");
        }
    }
}
```

4. 下面程序假设输入的内容为"A"，则正确的输出结果是_____。

```java
public class Test {
    public static void main(String[] args) {
        Scanner sc = new Scanner(System.in);
        System.out.println("请输入内容:");
        String str = sc.nextLine();
        Test t = new Test();
        t.getInfo(str);
    }
    private String getInfo(String str) {
        try {
            System.out.print(str);
        } catch (Exception e) {
            e.printStackTrace();
        } finally {
            System.out.print(str);
        }
        return str;
    }
}
```

三、编程题

1. 设计一个程序，在终端中输入两个数字，作为被除数和除数，进行除法操作。当除数为 0 时，抛出异常 ArithmeticException 并捕获该异常。结果如下：

请输入被除数：66
请输入除数：0
java.lang.ArithmeticException: / by zero

2. 设计一个程序，在终端中输入姓名、身份证号码、年龄，要求如下。

（1）编写异常类，包括姓名空异常、身份证号码非法异常、年龄过低异常、年龄过高异常。

（2）编写一个员工类，包括属性和构造器。

① 属性：姓名、身份证号码、年龄。

② 构造器：设置姓名、身份证号码和年龄。如果输入的姓名为空（null）或为空字符串，抛出姓名空异常；如果输入的身份证号码不是 18 位，抛出身份证号码非法异常；如果输入的年龄小于 18，抛出年龄过低异常；如果输入的年龄大于 55，抛出年龄过高异常。

③ 如果信息都正常，输出员工的所有信息。

（3）编写测试类。

要求运行结果大致如下：
请输入姓名：小绿
请输入 18 位身份证号码：1234567899987654321
请输入年龄：22
符合我们的要求：姓名：小绿，身份证：1234567899987654321，年龄：22
——欢迎下次使用——

第8章 Lambda表达式

学习目标

了解行为参数化的基本概念。
掌握 Java 中 Lambda 表达式的基本语法。
了解函数式接口的基本概念。
了解 Lambda 表达式的一些特性。

在软件开发中，经常会将一段代码块作为参数传给另一个方法，该操作称为行为参数化。行为参数化可以使用 Lambda 表达式来实现，让代码显得更简洁。

Lambda 表达式是一个匿名函数。它由箭头（->）、参数列表、Lambda 主体三部分组成。

Lambda 表达式需要在函数式接口中使用，而不能直接在代码中独立存在。函数式接口是指只定义了一个抽象方法的接口。

Lambda 表达式中可以使用外层作用域中定义的变量，该变量必须为 final 类型。

8.1 值参数化与行为参数化

在前面实现的方法中，参数基本是通过值来传递的，这称为值参数化。而在软件开发中，常会遇到用户需求改变的事情。行为参数化（Behavior Parameterization）是用来处理频繁更改的需求的一种软件开发模式，它将一段代码块作为参数传给另一个方法，然后执行。这样做的好处是，方法的行为可以由传入的代码块控制。

8.1.1 值参数化

下面来看一个例子，见例 8.1。

【例 8.1】查找颜色为绿色（green）的 Apple 对象。

首先定义一个 Apple（苹果）类，类中包含苹果的颜色（color）和重量（weight）两个属性。

现在，假设需要找出所有的绿色苹果。我们可以编写如下的方法。

Example_Lambda_1\Apple.java
```
public class Apple {
    private String color;
    private Double weight;
```

```java
    public Apple() {
    }

    public Apple(String color, Double weight) {
        this.color = color;
        this.weight = weight;
    }

    public String getColor() {
        return color;
    }

    public void setColor(String color) {
        this.color = color;
    }

    public Double getWeight() {
        return weight;
    }

    public void setWeight(Double weight) {
        this.weight = weight;
    }

    @Override
    public String toString() {
        return "weight=" + weight + "  color=" + color;
    }
}
```

Example_lambda_1\FuncTest.java

```java
/**
 * 查找苹果功能
 */
public class FuncTest {
    /**
     * 查找颜色为"green"的苹果（版本 1）
     */
    public Apple[] findApple(Apple[] appleArrays) {
        Apple[] outAppleArrays = new Apple[4];
        int index = 0;

        for (Apple inApple : appleArrays) {
            if (inApple.getColor().equals("green")) {
                outAppleArrays[index++] = inApple;
            }
        }

        return outAppleArrays;
    }
}
```

在 findApple()方法中，显式指定要查找的苹果颜色为"green"。然后，在 main()方法中先创建几个苹果的对象，再调用 findApple()方法查找对应的苹果。

Example_lambda_1\Test.java

```java
public class Test {

    public static void main(String[] args) {
        // 创建一个数组：存储各个苹果的信息
        Apple appleArrays[]=new Apple[] {
           new Apple("green", 120.00),
           new Apple("red", 130.00),
           new Apple("green", 160.00),
           new Apple("yellow", 170.00),
        };

        FuncTest funcTest=new FuncTest();
        Apple[] findAppleArrays = funcTest.findApple(appleArrays);

        /**
         * 输出符合条件的苹果信息
         */
        for(Apple outApple:findAppleArrays) {
            if(outApple!=null) {
                System.out.println(outApple);
            }
        }
    }
}
```

运行程序，输出结果如下：

```
weight=120.0  color=green
weight=160.0  color=green
```

该代码中，直接在 findApple() 方法中指定查找的苹果颜色为 "green"。这样的代码属于硬编码，将来如果要改成查找颜色为 "red" 的苹果就要进入 FuncTest 类中去修改，不利于代码的维护和升级。现在考虑给方法添加一个参数，用于描述要查找苹果的颜色，见例 8.2。

【例 8.2】根据参数指定的颜色来查找苹果，代码如下：

Example_lambda_2\FuncTest.java

```java
/**
 * 查找苹果功能
 */
public class FuncTest {

    /**
     * 查找颜色为指定参数 color 对应的值的苹果（版本 2）
     */
    public Apple[] findApple(Apple[] appleArrays, String color) {
        Apple[] outAppleArrays = new Apple[4];
        int index = 0;

        for (Apple inApple : appleArrays) {
            if (inApple.getColor().equals(color)) {
                outAppleArrays[index] = inApple;
                index++;
            }
        }
```

```
        return outAppleArrays;
    }
}
```

然后，在main()方法中调用findApple()方法的代码。

Example_lambda_2\Test.java
```java
public class Test {

    public static void main(String[] args) {
        // 创建一个数组：存储各个苹果的信息
        Apple[] appleArrays = new Apple[] {
            new Apple("green", 120.00),
            new Apple("red", 130.00),
            new Apple("green", 160.00),
            new Apple("yellow", 170.00),
        };

        FuncTest funcTest = new FuncTest();
        Apple[] findAppleArrays = funcTest.findApple(appleArrays,"green");

        /**
         * 输出符合条件的苹果信息
         */
        for(Apple outApple:findAppleArrays) {
            if(outApple!=null) {
                System.out.println(outApple);
            }
        }
    }
}
```

Apple类的代码与例8.1完全相同，此处不再列出。运行程序，输出结果如下：
```
weight=120.0  color=green
weight=160.0  color=green
```

运行程序的结果与例 8.1 是一样的，可是现在程序的扩展性比之前的好。程序员可以在调用findApple()方法的时候，才考虑具体要过滤什么颜色的苹果。

但是考虑到 Apple 类的属性不止一个，现在希望可以对多个属性进行筛选，findApple()方法只负责提供接口，过滤的具体方法让程序调用者自行实现。

8.1.2 行为参数化

可以先定义一个接口 AppleFilter。接口中定义一个过滤条件的抽象方法，见例8.3。

【例 8.3】在接口中定义过滤方法，并让用户自行决定过滤的条件，代码如下：

Example_lambda_3\AppleFilter.java
```java
/**
 * 定义一个过滤器接口
 * 该接口是一个函数式接口
 */
interface AppleFilter<T>
{
    /**
```

```
     * 过滤条件实现方法
     */
    public abstract boolean doFilter(T t);
}
```

然后，在 findApple()方法中，把该接口的对象作为参数传递到该方法中。

Example_lambda_3\FuncTest.java

```
/**
 * 查找苹果功能
 */
public class FuncTest {

    /**
     * 让调用者自行决定查找苹果的条件（版本 3）
     */
    public Apple[] findApple(Apple[] appleArrays, AppleFilter<Apple> filter) {
        Apple[] outAppleArrays = new Apple[4];
        int index = 0;

        for (Apple inApple : appleArrays) {
            if (filter.doFilter(inApple)) {
                outAppleArrays[index++] = inApple;
            }
        }

        return outAppleArrays;
    }
}
```

此时，在 main()方法中调用 findApple()方法时，findApple()的第二个参数就是 AppleFilter 实现类的对象，这里可以使用匿名内部类的方式，代码如下。

Example_lambda_3\Test.java

```
public class Test {

    public static void main(String[] args) {
        // 创建一个数组：存储各个苹果的信息
        Apple[] appleArrays = new Apple[] {
            new Apple("green", 120.00),
            new Apple("red", 130.00),
            new Apple("green", 160.00),
            new Apple("yellow", 170.00),
        };

        FuncTest funcTest = new FuncTest();
        Apple[] findAppleArrays = funcTest.findApple(appleArrays, new AppleFilter<Apple>() {

            @Override
            public boolean doFilter(Apple apple) {
                return apple.getColor().equals("green") && apple.getWeight()>150.00;
            }
        });

        /**
         * 输出符合条件的苹果信息
```

```
        */
        for(Apple outApple:findAppleArrays) {
            if(outApple!=null) {
                System.out.println(outApple);
            }
        }
    }
}
```

运行程序,输出结果如下:

```
weight=160.0 color=green
```

现在所有参数的选择都将由方法调用者自行决定。例如这里调用者决定查找颜色为绿色且重量大于 150 克的苹果。

8.1.3 引入 Lambda

把例 8.3 的 main()方法中调用 findApple()方法的第二个参数的代码修改为 Lambda 表达式,可以有以下两种写法。

(1)写法一:见例 8.4。

【例 8.4】使用 Lambda 表达式,并让用户自行决定过滤的条件,代码如下:

Example_lambda_4\Test.java
```
public class Test {

    public static void main(String[] args) {
        // 创建一个数组:存储苹果的信息
        Apple[] appleArrays = new Apple[] {
            new Apple("green", 120.00),
            new Apple("red", 130.00),
            new Apple("green", 160.00),
            new Apple("yellow", 170.00),
        };

        FuncTest funcTest=new FuncTest();
        Apple[] findAppleArrays = funcTest.findApple(appleArrays,
                apple->apple.getColor().equals("green") && apple.getWeight()>150.00
        );

        /**
         * 输出符合条件的苹果信息
         */
        for(Apple outApple:findAppleArrays) {
            if(outApple!=null) {
                System.out.println(outApple);
            }
        }
    }
}
```

运行程序,输出结果如下:

```
weight=160.0 color=green
```

(2)写法二:见例 8.5。

【例 8.5】使用 Lambda 表达式的另一种写法,代码如下:

Example_lambda_5\Test.java
```java
public class Test {

    public static void main(String[] args) {
        // 创建一个数组：存储各个苹果的信息
        Apple[] appleArrays = new Apple[] {
            new Apple("green", 120.00),
            new Apple("red", 130.00),
            new Apple("green", 160.00),
            new Apple("yellow", 170.00),
        };

        FuncTest funcTest = new FuncTest();
        Apple[] findAppleArrays = funcTest.findApple(appleArrays,(Apple apple)-> {
                return apple.getColor().equals("green") && apple.getWeight()>150.00;
            }
        );

        /**
         * 输出符合条件的苹果信息
         */
        for(Apple outApple:findAppleArrays) {
            if(outApple!=null) {
                System.out.println(outApple);
            }
        }
    }
}
```

运行程序，输出结果如下：
```
weight=160.0 color=green
```

上面两种 Lambda 表达式的写法的运行结果都是一样的。

这里 findApple()的第二个参数表示的就是 Lambda 表达式。

8.1.4 值参数化与行为参数化的比较

与值参数化相比，行为参数化的代码实现方式更加灵活、多变。对于行为参数化，既可以使用独立的类来实现，也可以使用匿名类来实现，还可以使用 Lambda 表达式来实现，相对于前两者，Lambda 表达式的代码更加简洁。可见，在未来的 Java 编程趋势中，Lambda 表达式将越来越受欢迎。

值参数化与行为参数化的比较如图 8.1 所示。

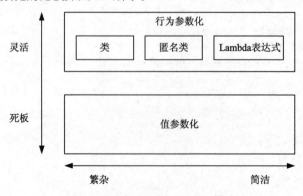

图 8.1 值参数化与行为参数化的比较

值参数化与行为参数化就像"授人以鱼"和"授人以渔"一样。值参数化就是直接给出一个结果；行为参数化则是给出一个方向并提供一些接口与思路，让使用者自行决定该怎么做。

8.2 Lambda 表达式概述

Lambda 表达式基于数学中的 λ 演算得名，直接对应于其中的 Lambda 抽象（Lambda Abstraction），它是一个匿名函数，即没有函数名的函数。

Lambda 表达式的相关概念如下。

① 匿名：Lambda 表达式实际上是一个函数，但是它不像普通的函数那样有一个明确的函数名，所以称之为"匿名"。

② 函数：Lambda 表达式不像方法那样属于某个特定的类。但与方法类似，Lambda 表达式有形参列表、函数主体、返回类型，还可能有可以抛出的异常列表。独立存在的方法，一般就称为"函数"。

③ 箭头：指符号->。由-和>符号组合而成。

④ 形参列表：指 Lambda 表达式中箭头前面的部分。形参类型可以省略。如果形参列表中只有一个参数，那么形参列表的圆括号也可以省略。

⑤ 代码块：指 Lambda 表达式中箭头后面的部分。一般使用花括号标识。如果代码块只包含一条语句，则可以省略代码块的花括号。如果 Lambda 代码块中只有一条 return 语句，甚至可以省略 return 关键字。由于 Lambda 表达式本身需要返回值，如果代码块中仅有一条语句，则 Lambda 表达式会自动返回这条语句的值。

来看几个有效的 Lambda 表达式（注意 Lambda 表达式的最后是没有分号的）。

```
(String s) -> s.length()
```

这个 Lambda 表达式有一个 String 类型的参数，并返回一个 int 类型的整数。这里 Lambda 表达式没有 return 语句，因为其中已经隐含了 return，所以相当于 return s.length()。

```
(Apple a) -> a.getWeight() > 150
```

这个 Lambda 表达式有一个 Apple 类的参数，并返回一个 boolean 类型的值，表示判断苹果的重量是否超过 150 克，超过 150 克则返回 true，否则返回 false。

```
(int x, int y) -> {
    System.out.println("Result:");
    System.out.println(x + y);
}
```

这个 Lambda 表达式中有两个 int 类型的参数且没有返回值。Lambda 表达式可以包含多行语句，这里是两行语句。

```
() -> 42
```

这个 Lambda 表达式没有参数，返回一个 int 类型的整数。

```
(Apple a1, Apple a2) -> a1.getWeight().compareTo(a2.getWeight())
```

这个 Lambda 表达式具有两个 Apple 类型的参数，返回一个 int 类型的整数。作用是比较两个 Apple 对象 weight 属性值的大小。如果 a1 比 a2 的属性值大，则返回 1；如果 a1 比 a2 的属性值小，则返回 -1；如果属性值一样大，则返回 0。

Lambda 表达式可以作为参数传递给方法或存储在变量中，并且无须像匿名类那样使用很多模板代码。例如：
```
(Apple a1, Apple a2) -> a1.getWeight().compareTo(a2.getWeight())
```
这里采用了 Comparator 接口中的 compare()方法的参数为例子，用于比较两个 Apple 对象。该表达式分为三部分，如图 8.2 所示。

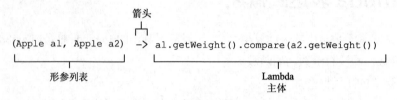

图 8.2　Lambda 表达式的三部分

Lambda 表达式的各部分介绍如下。
- 箭头。这里使用箭头（->）把 Lambda 参数和 Lambda 主体分开。
- 形参列表。这里传递了两个 Apple 对象作为 Lambda 表达式的参数。
- Lambda 主体。比较两个 Apple 对象的重量，并把表达式作为 Lambda 的返回值。

8.3　函数式接口

需要注意的是，前文介绍的 Lambda 表达式都不能直接在代码中独立存在。那在哪里可以使用呢？我们需要在函数式接口中使用 Lambda 表达式。

8.3.1　基本概念

函数式接口就是只定义一个抽象方法的接口。看下面的例子：
```
public class Animal {
    public void eat() {

    }
}
```
这不是函数式接口，因为这根本就不是接口，是类。
```
public interface USB {
    void read();
    void write();
}
```
这也不是函数式接口，因为接口中定义的方法超过了一个。
```
public interface Predicate {
    boolean test(T t);
}
```
这才是函数式接口，因为在接口中只定义了一个方法。

在 JDK 8 中，可以在接口定义前面使用@FunctionalInterface 注释来描述函数式接口。下面的示例都能定义函数式接口。

① 没有使用@FunctionalInterface 注释，但是接口中只有一个抽象方法，即只有方法定义，没有方法实体。因此这属于函数式接口。
```
public interface Info {
```

```
    String getInfo(String input);
}
```

② 可以在接口定义前面加上@FunctionalInterface注释，明确声明这是函数式接口。
```
@FunctionalInterface
public interface Info {
    String getInfo(String input);
}
```

③ 在接口中重写 Object 类中的公有方法，注意下面的代码定义的接口中 toString()和 equals()并不算是函数式接口的方法（而是来自 Object 中的方法），只有 getInfo()才是函数式接口中定义的方法。
```
@FunctionalInterface
public interface Info {
    String getInfo(String input);

    @Override
    String toString();   //Object 中的方法

    @Override
    boolean equals(Object obj); //Object 中的方法
}
```

函数式接口只定义了一个抽象方法。这样的函数式接口很有用，因为抽象方法的签名可以描述为 Lambda 表达式的签名，函数式接口中抽象方法的签名称为函数描述符。这很好理解：因为函数式接口只有一个抽象方法，所以只需要知道形参列表和返回值，就可以描述函数了。

例如，JDK 中有一个 Runnable 接口，它的定义如下：
```
public abstract interface Runnable {
    public abstract void run();
}
```
可以把这个接口看作一个无参数、无返回值函数的签名。因为这个接口中只有一个 run()抽象方法，这个方法无参数、无返回值。

JDK 8 之前版本已有的函数式接口如表 8.1 所示。

表 8.1　　　　　　　　　　　JDK 8 之前版本已有的函数式接口

接口	解释
java.lang.Runnable	用于创建多线程的接口
java.util.concurrent.Callable	可以调用并返回结果代码的接口
java.security.PrivilegedAction	使用"特权"的接口
java.util.Comparator	用于比较的接口
java.io.FileFilter	文件过滤器接口
java.nio.file.PathMatcher	路径匹配器接口
java.lang.reflect.InvocationHandler	代理实例调用程序的接口
java.beans.PropertyChangeListener	JavaBeans 属性监听器接口
java.awt.event.ActionListener	awt 事件监听器接口
javax.swing.event.ChangeListener	swing 事件监听器接口

8.3.2 JDK 8 的函数式接口

JDK 8 在表 8.1 中的函数式接口的基础上，又增加了 java.util.function 包，里面也有大量的函数式接口，限于篇幅，这里不一一列举，只介绍其中比较重要的几个。

JDK 8 中的函数式接口如表 8.2 所示。

表 8.2   JDK 8 中的函数式接口

接口	参数与返回值
Interface Predicate<T>	接收 T 类型的参数，返回 boolean 类型的值
Interface Consumer<T>	接收 T 类型的参数，不返回值
Interface Function<T, R>	接收 T 类型的参数，返回 R 类型的值
Interface Supplier<T>	不接收参数，返回 T 类型的值

要使用这些接口时，需要导入 java.util.function 包中对应的类。

```java
import java.util.function.Consumer;
import java.util.function.Function;
import java.util.function.Predicate;
import java.util.function.Supplier;
```

为这些函数式接口创建对象，参考代码见例 8.6。

【例 8.6】实现函数式接口，代码如下：

Example_FunctionalInterface_1\Test.java
```java
public class FunctionalInterfaceMain {

    public static void main(String[] args) {
        // 创建函数式接口对象
        Predicate<String> function1 = value -> value.length() > 2;
        Consumer<String> function2 = value -> {
            System.out.println(value);
        }; // Lambda 语句，使用花括号，没有 return 关键字，表示没有返回值
        Function<String, String> function3 = value -> value + "1";
        Supplier<String> function4 = () -> new String("");
    }
}
```

代码中，function1、function2、function3、function4 都是函数式接口的对象。

对于 function1，使用的是函数式接口 Predicate。这里接收 String 类型的参数，并返回 boolean 类型的值，作用是判断字符串参数 value 的长度是否大于 2。

对于 function2，使用的是函数式接口 Consumer。这里接收 String 类型的参数，不返回值，作用是输出参数 value 的值。

对于 function3，使用的是函数式接口 Function。这里接收 String 类型的参数，并返回 String 类型的值，作用是在字符串参数 value 后面添加字符 1。

对于 function4，使用的是函数式接口 Supplier。这里不接收参数，返回 String 类型的值，作用是创建一个空字符串。

在例 8.6 的基础上，把函数式接口的对象写入对应函数的参数，例如：

Example_ FunctionalInterface_1\Test.java
```java
public class FunctionalInterfaceMain {

    public static void main(String[] args) {
```

```
        // 创建函数式接口对象
        Predicate<String> function1 = value -> value.length() > 2;
        Consumer<String> function2 = value -> {
            System.out.println(value);
        }; // Lambda 语句，使用花括号，没有 return 关键字，表示没有返回值
        Function<String, String> function3 = value -> value + "1";
        Supplier<String> function4 = () -> new String("");

        // 使用函数式接口
        List<String> list = Arrays.asList("zhangsan", "lisi", "wangwu", "zhaoliu", "maqi");
        list.stream().map(function3) // 传入的是一个 Function 函数式接口
                .filter(function1) // 传入的是一个 Predicate 函数式接口
                .forEach(function2); // 传入的是一个 Consumer 函数式接口
    }
}
```

运行程序，输出结果如下：

```
zhangsan1
lisi1
wangwu1
zhaoliu1
maqi1
```

注意 Stream 对象中 filter()、map()、forEach()方法的定义。

```
public interface Stream<T> extends BaseStream<T, Stream<T>> {

    Stream<T> filter(Predicate<? super T> predicate);

    <R> Stream<R> map(Function<? super T, ? extends R> mapper);

    void forEach(Consumer<? super T> action);

    ...
}
```

读者可以先不管这里的程序的作用是什么，只需要理解 filter()、map()、forEach()等方法需要传递什么类型的参数即可。

在实际开发中，一般会使用 Lambda 表达式直接替代函数式接口对象，将其写到方法参数中。所以上面的代码一般会写成下面这样，见例 8.7。

【例 8.7】使用 Lambda 表达式替代函数式接口对象，代码如下：

Example_FunctionalInterface_2\Test.java

```
public class Test {
    public static void main(String[] args) {
        // 使用函数式接口
        List<String> list = Arrays.asList("zhangsan", "lisi", "wangwu", "zhaoliu", "maqi");
        list.stream().map(value -> value + "1") // 传入的是一个 Function 函数式接口
                .filter(value -> value.length() > 2) // 传入的是一个 Predicate 函数式接口
                .forEach(value -> System.out.println(value)); // 传入的是一个 Consumer 函数式接口
    }
}
```

运行程序，输出结果如下：

```
zhangsan1
lisi1
wangwu1
zhaoliu1
maqi1
```

可见，两者的效果是一样的。

8.3.3 参数的类型推断

Lambda 表达式的类型是从 Lambda 的上下文中推断出来的，在上下文中 Lambda 表达式的函数式接口类型称为目标类型。

例如：
```
List<Apple> heavierThan150g =
        filter(inventory, (Apple a) -> a.getWeight() > 150);
```
其中，类似(Apple a) -> a.getWeight() > 150 这样的代码就是 Lambda 表达式。

那么，使用 Lambda 的上下文又是什么呢？先来看看 filter()的定义。
```
public void filter(List<Apple> inventory, Predicate<Apple> p) {
    ...
}
```
因此，目标类型就是 Predicate<Apple>。

那 Predicate<Apple>接口的抽象方法又是什么呢？再来看 Predicate 接口中的定义。
```
@FunctionalInterface
public interface Predicate<T> {

    boolean test(T t);

}
```
目标类型是 Predicate<Apple>，因此 T 具体绑定到 Apple，我们可以认为抽象方法就是 boolean test(Apple apple)，也就是接收一个 Apple 类型的对象为参数，并返回 boolean 值。

即在 Lambda 表达式"(Apple a) -> a.getWeight() > 150"中，接受一个 Apple 类型的对象作为参数，并返回 boolean 类型的值。因此代码类型检查无误。

Java 编译器可以从上下文中推断出用什么函数式接口配合 Lambda 表达式，这就意味着它可以推断出适合 Lambda 表达式的签名，因为函数描述符也可以从目标类型中得到。这样做的好处在于，编译器可以了解 Lambda 表达式的参数类型。

可参考下面这几种 Lambda 表达式的写法。
```
List<Apple> heavierThan150g =
        filter(inventory, a -> "green".equals(a.getColor()));
```
这里参数 a 没有显式类型，编译器可以从上下文中推断出 a 为 Apple 对象。
```
Comparator<Apple> c =
   (Apple a1, Apple a2) -> a1.getWeight().compareTo(a2.getWeight());
```
这里 a1 和 a2 已经被指定为 Apple 对象，因此就没有类型推断了。
```
Comparator<Apple> c =
   (a1, a2) -> a1.getWeight().compareTo(a2.getWeight());
```
这里 a1 和 a2 没有显式类型，编译器可以从上下文中推断出 a1 和 a2 为 Apple 对象。

8.3.4 多个参数的运算

在进行运算的时候，经常会输入多个参数。多个参数的运算经常可以被拆分成多次两个参数的运算。例如 1+2+3+4=10，可以拆分为 1+2=3、3+3=6、6+4=10 这样 3 个步骤完成。

因此 Java JDK 8 中也提供了以下两个参数场景的函数式接口。
- Interface BiPredicate<T, U>：接收 T 类型和 U 类型的两个参数，返回 boolean 类型的值。
- Interface BiConsumer<T, U>：接收 T 类型和 U 类型的两个参数，不返回值。
- Interface BiFunction<T, U, R>：接收 T 类型和 U 类型的两个参数，返回 R 类型的值。

使用这些接口时，需要导入 java.util.function 包中对应的类。

```java
import java.util.function.BiConsumer;
import java.util.function.BiFunction;
import java.util.function.BiPredicate;
```

创建这些函数式接口对象的方法见例 8.8。

【例 8.8】实现带有多个参数的函数式接口，代码如下：

Example_ FunctionalInterface_3\Test.java
```java
public class Test {
    public static void main(String[] args) {
        // 创建 Bi 类型的函数式接口对象
        BiFunction<String, String, Integer> biFunction = (str1,str2) -> str1.length()+ str2.length();
        BiConsumer<String, String> biConsumer =  (str1,str2) -> System.out.println(str1+str2);
        BiPredicate<String, String> biPredicate = (str1,str2) -> str1.length() > str2.length();

    }
}
```

对于 biFunction，使用的函数式接口是 BiFunction。这里接收两个 String 类型的参数，执行 Lambda 表达式中的语句，并返回 Integer 类型的值，作用是计算两个字符串的长度并求和。

对于 biConsumer，使用的函数式接口是 BiConsumer。这里接收两个 String 类型的参数，只执行 Lambda 表达式中的语句，不返回值，作用是输出两个字符串连接的结果。

对于 biPredicate，使用的函数式接口是 BiPredicate。这里接收两个 String 类型的参数，执行 Lambda 表达式中的语句，并返回 boolean 类型的值，作用是判断第一个字符串的长度是否比第二个字符串长。

在例 8.8 的基础上，把函数式参数的对象写入对应函数的参数，例如：

Example_ FunctionalInterface_3\Test.java
```java
public class Test {
    public static void main(String[] args) {
        // 创建 Bi 类型的函数式接口对象
        BiFunction<String, String, Integer> biFunction = (str1,str2) -> str1.length()+ str2.length();
        BiConsumer<String, String> biConsumer =  (str1,str2) -> System.out.println(str1+str2);
        BiPredicate<String, String> biPredicate = (str1,str2) -> str1.length() > str2.length();

        // 使用 Bi 类型的函数式接口
        int length = getLength("hello", "world", biFunction); // 返回整型 10，并在下面输出
        boolean boolean1 = getBoolean("hello", "world", biPredicate);  // 返回布尔型 false，
                                                                并在下面输出

        System.out.println(length);
        System.out.println(boolean1);

        noResult("hello", "world", biConsumer); // 方法执行过程中会输出 helloworld，但方法
                                               本身没有返回值
```

    }
}
```

注意 getLength()、getBoolean()、noResult()方法的定义。

```java
public  static int getLength(String str1,String str2,BiFunction<String, String, Integer> function){
    return function.apply(str1, str2);
}

public static boolean getBoolean(String str1,String str2,BiPredicate<String, String> biPredicate){
    return biPredicate.test(str1, str2);
}

public   static   void  noResult(String  str1,String  str2,BiConsumer<String,  String> biConcumer){
    biConcumer.accept(str1, str2);
}
```

运行程序，输出结果如下：

```
10
false
helloworld
```

同样，使用 Lambda 表达式直接替代函数式接口对象，简化上面的代码，见例 8.9。

【例 8.9】使用 Lambda 表达式替代多个参数的函数式接口对象，代码如下：

Example_ FunctionalInterface_4\Test.java

```java
public class Test {
    public static void main(String[] args) {
        // 直接用 Lambda 表达式实现
        int length = getLength("hello", "world", (str1,str2) -> str1.length() + str2.length()); // 返回整型 10，并在下面输出
        boolean boolean1 = getBoolean("hello", "world", (str1,str2) -> str1.length() > str2.length()); // 返回布尔型 false，并在下面输出

        System.out.println(length);
        System.out.println(boolean1);

        noResult("hello", "world", (str1,str2) -> System.out.println(str1+" "+str2));
// 方法执行过程中会输出 helloworld，但方法本身没有返回值
    }
}
```

getLength()、getBoolean()、noResult()方法同例 8.8。

运行程序，输出结果如下：

```
10
false
helloworld
```

可见，运行结果与例 8.8 是相同的。

8.4 Lambda 表达式的其他特性

8.4.1 使用局部变量

Lambda 表达式也可使用自有变量，这称为捕获 Lambda。这里的变量不是指参数，而是指在外
```

层作用域定义的变量，就像匿名类一样。

需要注意的是：尽管 Lambda 表达式可以没有限制地捕获实例变量和类变量，但是局部变量必须显式声明为 final。

来看例 8.10 所示的代码。

【例 8.10】在 Lambda 表达式中访问局部变量，代码如下：

Example_feature_1\Test.java
```
public class Test {
    public static void main(String[] args) {
        int portNumber = 1337;
        Runnable r = () -> System.out.println(portNumber);
        new Thread(r).start();
    }
}
```

运行程序，输出结果如下：
```
1337
```

这里声明了一个变量 portNumber，并且后面不再更改它的值。portNumber 事实上就是无法修改的（编译器为了优化代码，会自动给 portNumber 加上 final 修饰符）。此时运行程序并不会报错。

现在修改例 8.10，如果后面修改了 portNumber 的值，如下：
```
Example_feature_1\Test.java
public class Test {
    public static void main(String[] args) {
        int portNumber = 1337;
        Runnable r = () -> System.out.println(portNumber);
        new Thread(r).start();
        // 下面的代码会导致出错
        portNumber = 1345;
    }
}
```

运行程序，会报告如下错误。
```
Test.java:4: 错误: 从 Lambda 表达式引用的本地变量必须是最终变量或实际上的最终变量
            Runnable r = () -> System.out.println(portNumber);
                                                  ^
1 个错误
```

这是为什么呢？局部变量是存储在栈上的，而栈上的内容在当前线程执行完成之后就会被系统回收。而 Lambda 表达式中的代码会被作为一个额外的线程去执行，那就有可能在线程访问该局部变量的时候该局部变量已经被销毁了。

而用 final 修饰局部变量则相当于给该变量制作了一份副本，并存储到堆（Heap）上。即使线程结束，栈上的内容被回收了，堆上的数据仍然存在，因此在子线程中仍然能够访问到。

程序员为了确保线程中访问的局部变量不可修改，通常需要主动给变量添加 final 关键字。因此代码修改如下：

Example_feature_1\Test.java
```
public class Test {
    public static void main(String[] args) {
        final int portNumber = 1337;
        Runnable r = () -> System.out.println(portNumber);
        new Thread(r).start();
        // 下面的代码会导致出错
        // portNumber = 1345;
    }
}
```

运行程序，输出结果如下：
```
1337
```
这样做的好处是，如果后面不小心修改了 portNumber 的值，程序在编译的时候可以马上报告错误，让程序员立即修正，不需要等到运行的时候才报错。

8.4.2 方法引用

方法引用可以被看作调用 Lambda 表达式的一种快捷方法，如果一个 Lambda 表达式的作用是调用某个方法，那么可以直接使用方法名来调用它。当需要使用方法引用时，模板引用放在分隔符::前面，方法名放在::后面。格式为：

```
模板引用::方法名
```

例如：

```
Apple::getWeight
```

这样实际上就是引用了 Apple 类中定义的方法 getWeight()。注意方法名后面不需要添加圆括号，因为没有实际调用这个方法。该方法引用就是 Lambda 表达式 "(Apple a) ->a.getWeight()" 的快捷使用。

Lambda 表达式方法引用的实例如表 8.3 所示。

表 8.3　　　　　　　　　　　　Lambda 表达式方法引用的实例

Lambda 表达式	等效的方法引用
(Apple a) -> a.getWeight()	Apple::getWeight
()->Thread.currentThread().dumpStack()	Thread.currentThread()::dumpStack
(str,i)->str.substring(i)	String::substring
(String s) -> System.out.println(s)	System.out::println

8.4.3 构造器引用

对于一个现有的构造器，可以利用它的名称和关键字 new 来创建它的引用，格式为：

```
类名::new
```

构造器引用的功能与指向静态方法的引用的功能类似。

下面列出了一些构造器引用的实例，如表 8.4 所示。

表 8.4　　　　　　　　　　　　Lambda 表达式构造器引用的实例

Lambda 表达式	等效的构造器引用
Supplier<Apple> c1 = Apple::new; Apple a1 = c1.get();	Supplier<Apple> c1 = () -> new Apple(); Apple a1 = c1.get();
Function<Integer, Apple> c2 = Apple::new; Apple a2 = c2.apply(120);	Function<Integer, Apple> c2 = (weight) -> new Apple(weight); Apple a2 = c2.apply(120);
BiFunction<String, Integer, Apple> c2 = Apple::new; Apple a2 = c2.apply("green", 120);	BiFunction<String, Integer, Apple> c2 = (color, weight) -> new Apple(color, weight); Apple a2 = c2.apply("green", 120);

8.4.4 Lambda 表达式与匿名内部类的区别

Lambda 表达式与匿名内部类有如下区别。

① 匿名内部类可以为任意的接口创建实例。不管接口包含多少个抽象方法，只要匿名内部类实

现所有的抽象方法即可。而 Lambda 表达式只能为函数式接口创建实例。

② 匿名内部类可以为抽象类或者普通类创建实例，而 Lambda 表达式只能为函数式接口创建实例。

③ 匿名内部类实现的抽象方法的方法体允许调用接口中定义的默认方法，而 Lambda 表达式的代码块不允许调用接口中定义的默认方法。

④ 类加载需要有加载、验证、准备、解析、初始化等过程，如果编写大量的内部类（即使是匿名的）将会影响应用执行的性能，但是 Lambda 表达式不会有上述过程，对于程序的性能会有所提升。

⑤ JDK 7 JSR 292 引入了 invokedynamic 指令，当时的目的是支持 Groovy、JRuby 等动态类型的语言，而在 JDK 8 中，该指令又被用到了 Lambda 表达式的实现中。考虑到 Lambda 表达式的语法与普通的 Java 语法有一定的差别。对于初学者来说，我们还是建议尽量少用 Lambda 表达式。

8.5 习　　题

1. 假设有 5 名学生 A、B、C、D、E 的成绩为 65、83、57、97、77，使用 Lambda 表达式进行排序。
2. 假设现在有不同区域的 4 名员工，他们的 2019 年月平均工资如表 8.5 所示。

表 8.5　　　　　　　　　　　　2019 年月平均工资

姓名	地区	月平均工资/元
张三	北京	5000
李四	上海	6000
王五	广州	5400
赵六	深圳	7100

要求：使用 Lambda 表达式编写程序实现下列 5 个功能。

（1）输出按从低到高排序的月平均工资。

（2）输出所有员工所在的城市。

（3）输出最高的月平均工资。

（4）输出最低的月平均工资。

（5）判断是否含有来自广州的员工。

输出部分结果如下：

月平均工资从低到高排序为:[{员工:张三 来自 北京,年份: 2019,月平均工资:5000}, {员工:王五 来自 广州,年份: 2019, 月平均工资:5400}, {员工:李四 来自 上海,年份: 2019, 月平均工资:6000}, {员工:赵六 来自 深圳,年份: 2019, 月平均工资:7100}]
城市分别为:[北京, 上海, 广州, 深圳]
最高月平均工资为:7100
最低月平均工资为:5000
true

3. 一般用如下的方式创建子线程。

```
Thread t1 = new Thread(new Runnable() {

    @Override
    public void run() {
        String name = Thread.currentThread().getName();
        System.out.println(name);
    }
```

```
});
t1.start();
```
要求把上面的代码改为使用 Lambda 表达式来实现。

4. 假设定义如下 Student 类。

```
class Student {
    private String name;
    private int age;
    private int score;

    public Student() {
    }

    public Student(String name, int age, int score) {
        super();
        this.name = name;
        this.age = age;
        this.score = score;
    }

    public String getName() {
        return name;
    }

    public void setName(String name) {
        this.name = name;
    }

    public int getAge() {
        return age;
    }

    public void setAge(int age) {
        this.age = age;
    }

    public int getScore() {
        return score;
    }

    public void setScore(int score) {
        this.score = score;
    }

    @Override
    public String toString() {
        return "Student [name=" + name + ", age=" + age + ", score=" + score + "]";
    }
}
```

并创建了对象数组。

```
Student[] students = new Student[] {
    new Student("张三", 23, 65),
    new Student("李四", 34, 53),
    new Student("王五", 65, 89),
    new Student("赵六", 27, 72),
    new Student("马七", 47, 67),
};
```

要求使用 Lambda 表达式实现如下功能。

（1）对学生的年龄从小到大排序。

（2）对学生的成绩从大到小排序。

第3篇

数据结构与算法篇

第9章 数据结构

学习目标

掌握数组扩容的方法。
掌握栈与队列的特征,以及在栈与队列中添加和删除元素的方法。
掌握链表的概念。
熟悉单向链表的常用操作方法,了解循环链表与双向链表。
了解树、堆、图等数据结构。

本章介绍在 Java 中如何实现一些常用的数据结构。数据结构是计算机存储和组织数据的方式,也指数据相互间存在一种或多种关系的数据元素的集合。通常情况下,精选的数据结构可以带来更高的运行和存储的效率。

本章主要介绍 Java 语言中的八大数据结构,包括数组、栈、队列、链表、树、堆、散列表、图等。本章对每种数据结构的存储方式进行详细介绍。学完本章后,读者要能够准确地认识八大数据结构的内在结构和存储方式,对常用的算法要能够熟记于心,并能使用算法解决一些复杂的问题,以高效地完成任务。

9.1 数组

数组(array)是指在内存中连续存储多个元素的结构,它在内存中分配的地址是连续的。数组中的元素通过数组索引实现访问。索引从 0 开始。

例如下面的代码,依次给数组的前 5 个元素赋值:

```
int[] arr = new int[10];
arr[0] = 1;
arr[1] = 2;
arr[2] = 3;
arr[3] = 5;
arr[4] = 8;
```

在 Java 中,使用方括号来描述数组,包括实现对数组的赋值和访问等,应用起来还是比较方便的。

数组的优点如下。

- 按索引查找元素的速度较快。
- 按索引遍历元素比较方便。

数组的缺点如下。

- 数组大小固定后一般无法扩容。如果一定要扩容，需要把原数组"迁移"到一个更大的数组上，这样效率很低。
- 数组只能固定存储一种数据类型的数据。
- 在数组中进行添加或删除操作的速度会比较慢。

如果一定要在数组中添加元素，可以首先使用 Arrays.copyOf()方法对数组进行扩容，并返回一个已经扩容数组的首地址，然后将其赋值给原数组变量。

下面来看一个例子，见例 9.1。

【例 9.1】对数组扩容，代码如下：

Example_array_1\Array.java

```java
public class Array {

    public static void main(String[] args) {
        int[] arr = {1, 2, 3, 4};
        System.out.println("扩容前: " + arrayToString(arr));
        // 调用 Arrays.copyOf()方法，返回值是数组的首地址，并将其赋值给原数组变量
        arr = Arrays.copyOf(arr, arr.length*2);
        System.out.println("扩容后: " + arrayToString(arr));
    }

    /**
     * 数组转字符串
     * arr 为输入的整型数组
     * 返回转换后的字符串
     */
    private static String arrayToString(int[] arr) {
        StringBuilder str = new StringBuilder("");
        for (int value : arr) {
            str.append(value + "\t");
        }
        return str.toString();
    }
}
```

运行程序，输出结果如下：

扩容前：1　　2　　3　　4
扩容后：1　　2　　3　　4　　0　　0　　0　　0

可以看到，原来的数组长度为 4，扩容后数组长度变成 8，其中多出来的元素默认赋值为 0。

9.2 栈

栈（stack）又称为堆栈，是一种运算受到限制的线性表。它规定只能在表尾进行插入和删除操作。进行插入和删除操作的一端称为栈顶，另一端称为栈底。向栈中插入元素的操作称为进栈、入栈或压栈，这是指把新元素放到栈顶元素的上面，使它成为新的栈顶元素；从栈中删除元素的操作称为出栈或退栈，是指把栈顶元素删除，使它下面的元素成为新的栈顶元素。

图 9.1 描述了栈的形态与基本操作。

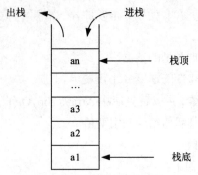

图 9.1 栈的形态与基本操作

来看如下例子：假设有一个长度为 4 的栈。初始化的时候，top 指向栈顶，即 top=0，初始化后栈的形态如图 9.2 所示。

然后向栈中插入一个元素 28。top 后移，此时 top=1，插入一个元素后栈的形态如图 9.3 所示。

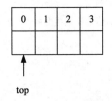

图 9.2 初始化后栈的形态

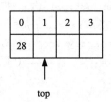

图 9.3 插入一个元素后栈的形态

继续向栈中插入两个元素 36 和 43。top 连续后移，此时 top=3，继续插入两个元素后栈的形态如图 9.4 所示。

然后从栈中弹出一个元素 43。top 前移，此时 top=2，弹出一个元素后栈的形态如图 9.5 所示。

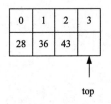

图 9.4 继续插入两个元素后栈的形态

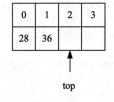

图 9.5 弹出一个元素后栈的形态

栈的常用操作如表 9.1 所示。

表 9.1　　栈的常用操作

栈操作	解释
isEmpty()	判断栈是否为空
length()	求栈中元素的个数
travel()	遍历栈的所有元素
push(item)	往栈顶压入元素
pop()	获取栈顶的元素

栈的实现代码参考例 9.2。

【例 9.2】实现栈的数据结构，代码如下：

Example_stack_1\Stack.java

```java
public class Stack {
    // 存储栈元素的数组
    int[] arr;
    // 栈顶索引
    int top;
    /**
     * 初始化栈
     */
    public Stack(int size) {
        arr = new int[size];
        top = 0;
    }

    /**
     * 往栈顶插入元素
     */
    public void push(int item) throws Exception {
        // 如果栈中存放的元素已满，则扩容数组
        if (top >= arr.length) {
            arr = Arrays.copyOf(arr, arr.length * 2);
        }
        // 在栈顶添加元素
        arr[top] = item;
        top++;
    }

    /**
     * 从栈顶弹出元素
     * 返回被删除的元素
     */
    public int pop() {
        // 获取栈顶元素
        top--;
        int ret = arr[top];
        arr[top] = 0;
        return ret;
    }

    /**
     * 求栈的长度
     */
    public int length() {
        // 获取栈的长度
        return top;
    }

    /**
     * 判断栈是否为空
     * 如果栈为空，则返回true，否则返回false
     */
    public boolean isEmpty() {
        return top == 0;
    }
```

```java
    /**
     * 遍历栈中的所有元素
     */
    public void travel() {
        for (int value : arr) {
            System.out.print(value + ",");
        }
        System.out.println();
    }
}
```

在例 9.2 的基础上,添加测试代码如下。

Example_stack_1\Stack.java
```java
public static void main(String[] args) throws Exception {
    Stack stack = new Stack(4);
    System.out.println("栈是否为空:" + stack.isEmpty());
    System.out.println("栈长度为: " + stack.length());
    System.out.println("-----------------------------");
    stack.push(28);
    System.out.println("插入 1 个元素");
    System.out.println("栈是否为空:" + stack.isEmpty());
    System.out.println("栈长度为: " + stack.length());
    stack.travel();
    System.out.println("-----------------------------");
    stack.push(36);
    stack.push(43);
    stack.push(52);
    stack.push(66);
    System.out.println("插入 4 个元素");
    System.out.println("栈长度为: " + stack.length());
    stack.travel();
    System.out.println("-----------------------------");
    int ret = stack.pop();
    System.out.println("删除 1 个元素:" + ret);
    System.out.println("栈长度为: " + stack.length());
    stack.travel();
}
```

运行程序,输出结果如下:

栈是否为空:true
栈长度为:0

插入 1 个元素
栈是否为空:false
栈长度为:1
28,0,0,0,

插入 4 个元素
栈长度为:5
28,36,43,52,66,0,0,0,

删除 1 个元素：66
栈长度为：4
28,36,43,52,0,0,0,0,

该程序中，先后向栈中插入 5 个元素，然后删除 1 个元素。由于初始化栈的时候，栈中元素的个数为 4，当插入第 4 个元素的时候，栈中没有足够的空间，因此需要扩容一倍，则栈中元素的个数变成 8，多出来的元素全部赋值为 0。

9.3 队列

队列（Queue）是一种特殊的线性表。它允许在表的前端（也称为队头，front）进行删除操作（称为出队列）；在表的后端（也称为队尾，rear）进行插入操作（称为入队列）。与栈一样，队列的操作也受到限制。

队列的形态与基本操作如图 9.6 所示。

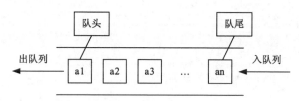

图 9.6　队列的形态与基本操作

看如下的例子：假设有一个长度为 4 的队列。初始化的时候，front 和 rear 都指向队头，即 front=0、rear=0。初始化后队列的形态如图 9.7 所示。

接下来依次向队列中插入 28、36、43 这 3 个元素。rear 依次后移，此时 front=0、rear=3，插入 3 个元素后队列的形态如图 9.8 所示。

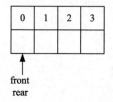

图 9.7　初始化后队列的形态

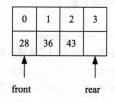

图 9.8　插入 3 个元素后队列的形态

接下来从队列中删除一个元素。按照队列的规则，删除 front 指向的元素，front 后移，此时 front=1、rear=3，删除一个元素后队列的形态如图 9.9 所示。

接下来从队列中再次删除两个元素，依次从队头删除元素，front 后移，此时 front=3、rear=3，队列被清空，队列被清空后的形态，如图 9.10 所示。

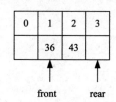

图 9.9　删除一个元素后队列的形态

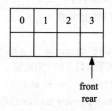

图 9.10　队列被清空后的形态

队列常用的操作如表 9.2 所示。

表 9.2　　　　　　　　　　　　　　　队列常用操作

队列操作	解释
isEmpty()	判断队列是否为空
length()	求队列中元素的个数
travel()	遍历队列的所有元素
enqueue(item)	入队，往队列尾部添加元素
dequeue()	出队，从队列头部删除元素，并返回被删除的元素

队列的实现代码参考例 9.3。

【例 9.3】实现队列的数据结构，代码如下：

Example_queue_1\Queue.java
```java
public class Queue {
    // 存储队列元素的数组
    int[] arr;
    // 队头和队尾索引
    int front;
    int rear;
    /**
     * 初始化队列
     */
    public Queue(int size) {
        arr = new int[size];
        front = 0;
        rear = 0;
    }

    /**
     * 在队尾添加元素
     */
    public void enqueue(int item) {
        // 如果rear指向了队尾，则扩容数组
        if (rear >= arr.length) {
            arr = Arrays.copyOf(arr, arr.length * 2);
        }
        // 在队尾添加元素
        arr[rear] = item;
        rear++;
    }

    /**
     * 从队头删除元素
     * 返回被删除的元素
     */
    public int dequeue() throws Exception {
        // 如果队列为空，则报错
        if (front >= rear) {
            throw new Exception("队列为空");
        }
```

```java
        // 获取队头的元素
        int ret = arr[front];
        arr[front] = 0;
        front++;
        return ret;
    }

    /**
     * 遍历队列中的所有元素
     */
    public void travel() {
        for (int value : arr) {
            System.out.print(value + ",");
        }
        System.out.println();
    }

    /**
     * 求队列的长度
     */
    public int length() throws Exception {
        // 如果 front 的值大于 rear 的值,则报错
        if (front > rear) {
            throw new Exception("队列异常");
        }
        // 获取队列的长度
        return rear - front;
    }

    /**
     * 判断队列是否为空
     * 如果队列为空,则返回 true,否则返回 false
     */
    public boolean isEmpty() throws Exception {
        // 如果 front 的值大于 rear 的值,则报错
        if (front > rear) {
            throw new Exception("队列异常");
        }
        return front == rear;
    }
}
```

在例9.3的基础上,添加测试代码如下。

Example_queue_1\Queue.java
```java
public static void main(String[] args) throws Exception {
    Queue queue = new Queue(4);
    System.out.println("队列是否为空: " + queue.isEmpty());
    System.out.println("队列长度为: " + queue.length());
    System.out.println("------------------------------");
    queue.enqueue(28);
    queue.enqueue(36);
    queue.enqueue(43);
```

```java
        System.out.println("插入3个元素");
        System.out.println("队列是否为空: " + queue.isEmpty());
        System.out.println("队列长度为: " + queue.length());
        queue.travel();
        System.out.println("front=" + queue.front + ", rear=" + queue.rear);
        System.out.println("------------------------------");
        int ret = queue.dequeue();
        System.out.println("删除1个元素: " + ret);
        System.out.println("------------------------------");
        System.out.println("队列长度为: " + queue.length());
        System.out.println("front=" + queue.front + ", rear=" + queue.rear);
        queue.travel();
        System.out.println("------------------------------");
        ret = queue.dequeue();
        System.out.println("删除1个元素: " + ret);
        ret = queue.dequeue();
        System.out.println("删除1个元素: " + ret);
        System.out.println("队列长度为: " + queue.length());
        queue.travel();
        System.out.println("front=" + queue.front + ", rear=" + queue.rear);
        queue.append(52);
        queue.append(66);
        System.out.println("插入2个元素");
        System.out.println("队列是否为空: " + queue.isEmpty());
        System.out.println("队列长度为: " + queue.length());
        queue.travel();
        System.out.println("front=" + queue.front + ", rear=" + queue.rear);
    }
```

运行程序，输出结果如下：

队列是否为空: true
队列长度为: 0

插入3个元素
队列是否为空: false
队列长度为: 3
28,36,43,0,
front=0,rear=3

删除1个元素: 28

队列长度为: 2
0,36,43,0,
front=1,rear=3

删除1个元素: 36
删除1个元素: 43
队列长度为: 0
0,0,0,0,
front=3,rear=3
插入2个元素
队列是否为空: false
队列长度为: 2

```
0,0,0,52,66,0,0,0,
front=3,rear=5
```

该程序中，先往队列中插入 3 个元素，然后删除 3 个元素，最后插入 2 个元素。注意，删除的元素是队头的元素。

上面的队列有个缺陷，当插入 3 个元素又删除 3 个元素之后，rear 指向 3。此时由于 rear 的值已经等于队列数组的长度，按照程序的判断，不能进行插入操作了，可事实上队头 3 个位置却是空的！而前面已经插入并删除过元素的空间却无法使用，这样就导致空间使用率低下。我们希望改进这个队列的实现方法，让被删除了元素的空间可以重新投入使用。

一般的做法是：无论插入还是删除元素，一旦 rear 或 front 指针的值增加 1 的时候超出了所分配的队列空间，就让它指向这部分连续空间的起始位置。也就是说，如果原来的值是 length-1（例如长度为 4 的队列，当值为 3 时），一旦 front 增加 1，则让 front 变为 0。rear 也一样。可以通过取余数的运算 front=(front+1)%length 或 rear=(rear+1)%length 来实现。这样实际上就是把该队列的空间作为一个环形空间，其中的存储单元可以循环使用，用这种方法管理的队列就称为循环队列。在实际应用中，循环队列会经常使用。

还是前文的例子，这次使用循环队列来实现：假设有一个长度为 4 的循环队列。初始化的时候，front 和 rear 都指向队头，即 front=0、rear=0。初始化后循环队列的形态如图 9.11 所示。

接下来依次往队列中插入 28、36、43 这 3 个元素。rear 依次后移，此时 front=0、rear=3，插入 3 个元素后循环队列的形态如图 9.12 所示。

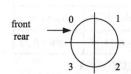

图 9.11　初始化后循环队列的形态

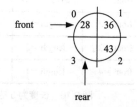

图 9.12　插入 3 个元素后循环队列的形态

接下来从队列删除一个元素。按照队列的规则，删除 front 指向的元素，front 后移，此时 front=1、rear=3，删除一个元素后循环队列的形态如图 9.13 所示。

接下来从队列中再次删除两个元素，依次从队头删除元素，front 后移，此时 front=3、rear=3，队列被清空，删除两个元素后循环队列的形态如图 9.14 所示。

接下来插入两个元素，rear 后移，由于超过了队列长度 length，因此回到 0 从头开始。

此时 front=3、rear=1，插入两个元素后循环队列的形态如图 9.15 所示。

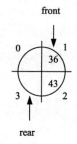

图 9.13　删除一个元素后循环队列的形态

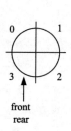

图 9.14　删除两个元素后循环队列的形态

图 9.15　插入两个元素后循环队列的形态

在实现具体的代码之前，还要思考以下问题。

现在 rear 指向的位置是进行插入操作的位置；front 指向的位置是进行删除操作的位置。根据 rear 和 front 的值，如何判断队列什么时候为空？什么时候为满？

显然一开始的时候队列为空。此时 rear=0、front=0。另外插入 1 个元素，删除 1 个元素的时候队列应该也为空，此时 rear=1、front=1。依此类推，可以确定当队列为空的时候，rear==front。

而且，连续插入 4 个元素，队列为满。可以发现依次插入 4 个元素之后，rear 依次变为 1、2、3、0。结果当队列为满的时候 rear=0、front=0。其他情况类似，所以当队列为满的时候，也有 rear==front。

换句话说，当 rear==front 时，我们无法分清队列究竟是空的还是满的，那怎么办？

为了区分这两种情况，可以规定长度为 size+1 的循环队列最多只能有 size 个元素。假如希望最多存放 4 个元素到队列中，此时就应该创建一个长度为 4+1=5 的队列。

这样，当循环队列中只剩下一个空的存储单元的时候，队列为满。此时判断标准如下。

判断队列是否为空：当 rear==front 的时候队列为空。

判断队列是否为满：当 (rear+1)%(size+1)==front 的时候队列为满。

循环队列中 front 和 rear 的值对应的队列长度如图 9.16 所示。

	rear = 0	rear = 1	rear = 2	rear = 3	rear = 4
front = 0	length = 0 空	length = 1	length = 2	length = 3	length = 4 满
front = 1	length = 4 满	length = 0 空	length = 1	length = 2	length = 3
front = 2	length = 3	length = 4 满	length = 0 空	length = 1	length = 2
front = 3	length = 2	length = 3	length = 4 满	length = 0 空	length = 1
front = 4	length = 1	length = 2	length = 3	length = 4 满	length = 0 空

图 9.16 长度为 5 的循环队列中 front 和 rear 的值对应的队列长度

循环队列实现代码参考例 9.4。

【例 9.4】实现循环队列的数据结构，代码如下：

Example_queue_2\Queue.java

```java
public class CircularQueue {
    // 存储队列元素的数组
    int[] arr;
    // 队头和队尾索引
    int front;
    int rear;

    /**
     * 初始化循环队列
     */
    public CircularQueue(int size) {
        arr = new int[size + 1];
        front = 0;
        rear = 0;
    }

    /**
```

```
 * 往队尾添加元素
 */
public void enqueue(int item) throws Exception {
    // 如果队列为满，则报错
    if (isFull()) {
        throw new Exception("队列满了");
    }
    // 在队尾添加元素
    arr[rear] = item;
    rear = (rear + 1) % arr.length;
}

/**
 * 从队头删除元素
 * 返回被删除的元素
 */
public int dequeue() throws Exception {
    // 如果队列为空，则报错
    if (isEmpty()) {
        throw new Exception("队列为空");
    }
    // 获取队头的元素
    int ret = arr[front];
    arr[front] = 0;
    front = (front + 1) % arr.length;
    return ret;
}

/**
 * 遍历队列中的所有元素
 */
public void travel() {
    for (int value : arr) {
        System.out.print(value + ",");
    }
    System.out.println();
}

/**
 * 求队列的长度
 */
public int length() {
    return (rear + arr.length - front) % arr.length;
}

/**
 * 判断队列是否为空
 * 队列为空时返回 true；队列为满时返回 false
 */
public boolean isEmpty() {
    return front == rear;
}
```

```java
    /**
     * 判断队列是否为满
     * 队列为满时返回 true；队列为空时返回 false
     */
    public boolean isFull() {
        return (rear + 1) % arr.length == front;
    }
}
```

在例 9.4 的基础上，添加测试代码如下。

Example_queue_2\CircularQueue.java

```java
public static void main(String[] args) throws Exception {
    CircularQueue queue = new CircularQueue(4);
    System.out.println("队列是否为空: " + queue.isEmpty());
    System.out.println("队列长度为: " + queue.length());
    System.out.println("------------------------------");
    queue.enqueue(28);
    queue.enqueue(36);
    queue.enqueue(43);
    System.out.println("插入 3 个元素");
    System.out.println("队列是否为空: " + queue.isEmpty());
    System.out.println("队列长度为: " + queue.length());
    queue.travel();
    System.out.println("front=" + queue.front + ", rear=" + queue.rear);
    System.out.println("------------------------------");
    int ret = queue.dequeue();
    System.out.println("删除 1 个元素: " + ret);
    System.out.println("------------------------------");
    System.out.println("队列长度为: " + queue.length());
    queue.travel();
    System.out.println("front=" + queue.front + ", rear=" + queue.rear);
    System.out.println("------------------------------");
    ret = queue.dequeue();
    System.out.println("删除 1 个元素: " + ret);
    ret = queue.dequeue();
    System.out.println("删除 1 个元素: " + ret);
    System.out.println("队列长度为: " + queue.length());
    queue.travel();
    System.out.println("front=" + queue.front + ", rear=" + queue.rear);
    System.out.println("------------------------------");
    queue.enqueue(52);
    queue.enqueue(66);
    queue.enqueue(69);
    System.out.println("插入 3 个元素");
    System.out.println("队列是否为空: " + queue.isEmpty());
    System.out.println("队列长度为: " + queue.length());
    queue.travel();
    System.out.println("front=" + queue.front + ", rear=" + queue.rear);
}
```

运行程序，输出结果如下：

队列是否为空: true

队列长度为: 0

插入 3 个元素

```
队列是否为空：false
队列长度为：3
28,36,43,0,0,
front=0,rear=3
------------------------------
删除 1 个元素：28
------------------------------
队列长度为：2
0,36,43,0,0,
front=1,rear=3
------------------------------
删除 1 个元素：36
删除 1 个元素：43
队列长度为：0
0,0,0,0,0,
front=3,rear=3
------------------------------
插入 3 个元素
队列是否为空：false
队列长度为：3
69,0,0,52,66,
front=3,rear=1
```

该程序中，先往循环队列中插入 3 个元素，然后删除 3 个元素，最后插入 3 个元素。注意，最后插入的 3 个元素的位置分别为 3、4、0。

9.4 链表

链表（Linked List）是一种很常见的基础数据结构，也是一种线性表。它在每一个节点中都存放了下一个节点的位置信息。

限于篇幅，这里只介绍实现单向链表（Single Linked List），对于循环链表和双向链表，读者可参考单向链表的代码自行实现。

在单向链表中，每个节点包含两个域，一个是信息域，另一个是链接域。链接域中的链接指向链表中的下一个节点，而最后一个节点的链接则指向空值，单向链表的形态如图 9.17 所示。

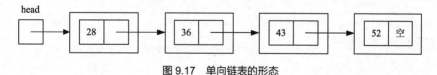

图 9.17　单向链表的形态

单向链表常用的方法如表 9.3 所示。

表 9.3　　　　　　　　　　　　单向链表常用的方法

方法	解释	方法	解释
isEmpty()	判断链表是否为空	append(item)	在链表尾部添加元素
length()	求链表长度	insert(pos, item)	在链表指定位置添加元素
travel()	遍历整个链表	remove(item)	从链表中删除节点
add(item)	在链表头部添加元素	search(item)	在链表中查找节点是否存在

参考代码见例9.5。

【**例9.5**】实现链表的数据结构，代码如下：

首先实现单向链表的节点 **SingleNode**。

Example_linklist_1\SingleNode.java

```java
/**
 * 单向链表的节点
 *
 */
public class SingleNode {
    // 描述数据项
    public int item;
    // 描述下一个元素的索引
    public SingleNode next;

    public SingleNode(int item) {
        this.item = item;
        this.next = null;
    }
```

注意：为方便后续访问，这里把 item 和 next 属性直接设置为 public。

然后实现单向链表的类 SingleLinkList，下面首先实现初始化方法。

Example_linklist_1\SingleLinkList.java

```java
public class SingleLinkList {
    private SingleNode head;
    /**
     * 初始化链表
     */
    public SingleLinkList() {
        head = null;
    }
}
```

在例9.5的基础上，添加 isEmpty()、length()、travel()3个方法。

Example_linklist_1\SingleLinkList.java

```java
/**
 * 判断链表是否为空
 * 链表为空则返回true；链表非空则返回false
 */
public boolean isEmpty() {
    return head == null;
}

/**
 * 求链表的长度
 */
public int length() {
    // 定义cur变量用于遍历
    SingleNode cur = head;
    // 定义count变量用于计数
    int count = 0;

    // 遍历cur，如果cur为空，则表示遍历到了链表尾部，此时退出循环
    while (cur != null) {
```

```
            // count 计数加 1
            count++;
            // cur 后移
            cur = cur.next;
        }

        return count;
    }

    /**
     * 遍历链表中的所有节点
     */
    public void travel() {
        // 定义 cur 变量用于遍历
        SingleNode cur = head;

        // 遍历 cur, 如果 cur 为空, 则表示遍历到了链表尾部, 此时退出循环
        while (cur != null) {
            // 输出当前节点的数据项
            System.out.print(cur.item + ",");
            // cur 后移
            cur = cur.next;
        }
        System.out.println();
    }
```

如果想要通过 add()方法在单向链表头部插入节点，可以参考图 9.18。

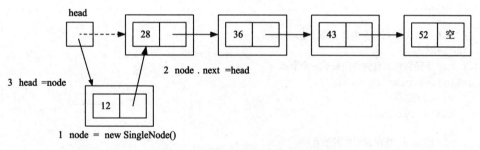

图 9.18　在单向链表头部插入节点

参考下面的代码：
```
/**
 * 往链表头部插入节点
 */
public void add(int item) {
    // 创建一个节点
    SingleNode node = new SingleNode(item);
    // 新节点的 next 执行头指针
    node.next=head;
    // 头指针指向新节点
    head = node;
}
```

如果想要通过 append()方法在单向链表尾部插入节点，可以参考图 9.19。

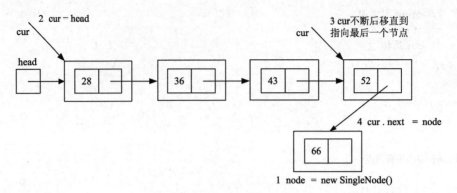

图 9.19 在单向链表尾部插入节点

在例 9.5 的基础上，添加 append()方法如下。

Example_linklist_1\SingleLinkList.java

```java
/**
 * 往链表尾部插入节点
 */
public void append(int item) {
    // 创建一个节点
    SingleNode node = new SingleNode(item);
    // 如果链表为空，则直接在头部添加
    if (head == null) {
        head = node;
        return;
    }
    // 定义 cur 变量指向头指针，用于遍历
    SingleNode cur = head;
    // cur 不断后移，直到指向最后一个节点
    while(cur.next != null) {
        // cur 后移
        cur = cur.next;
    }
    // cur 的 next 指向新创建的节点
    cur.next=node;
}
```

如果想要通过 insert()方法在单向链表中间插入节点，可以参考图 9.20。

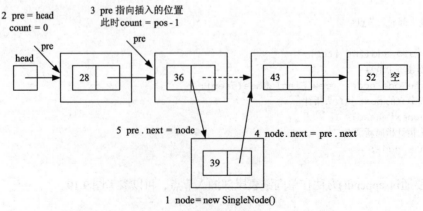

图 9.20 在单向链表中间插入节点

参考下面的代码：
```
/**
 * 在链表中间插入节点
 * pos 为插入的位置
 */
public void insert(int pos, int item) {
    // 如果 pos 的值小于等于 0，则在开始位置插入
    if (pos <= 0) {
        this.add(item);
        return;
    }
    // 如果 pos 的值大于等于 this.length() 的值，则在最后插入
    if (pos >= this.length()) {
        this.append(item);
        return;
    }
    // 创建一个节点
    SingleNode node = new SingleNode(item);
    // 定义 pre 变量用于遍历
    SingleNode prev = head;
    // 定义 count 变量用于计数
    int count = 0;
    // 遍历 pre，每次遍历时 count+1，直到 count==pos-1，找到插入的位置
    while(count < pos - 1) {
        // pre 后移
        pre = pre.next;
        // count 计数加 1
        count++;
    }
    // node 的 next 指针指向 pre 的下一个节点
    node.next=pre.next;
    // pre 的 next 指针指向 node
    pre.next=node;
}
```

如果想要通过 remove() 从单向链表中删除指定的节点，可以参考图 9.21。

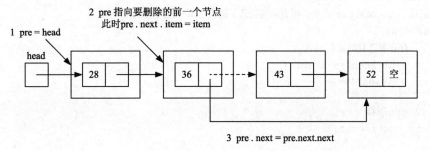

图 9.21　从单向链表中删除节点

参考下面的代码：
```
/**
 * 从链表中删除节点
```

```java
 * 删除成功则返回true；删除失败则返回false
 */
public boolean remove(int item) {
    // 如果链表是空的，则直接返回false
    if (head == null) {
        return false;
    }
    // 如果要删除的节点是第一个，则直接让head指向下一个
    if (head.item == item) {
        head = head.next;
        return true;
    }
    // 定义pre变量指向头指针
    SingleNode pre = head;
    // 遍历pre，直到pre指向要删除的前一个节点，此时pre.next.item=item
    while(cur.next != null) {
        // 找到要删除的元素
        if (pre.next.item == item) {
            pre.next=pre.next.next;
            return true;
        }
        // pre后移
        pre = pre.next;
    }
    // 遍历完成后还没找到元素，则返回false
    return false;
}
```

在例9.5的基础上，添加search()方法如下。

Example_linklist_1\SingleLinkList.java

```java
/**
 * 在链表中查找节点是否存在
 * 存在则返回true；不存在则返回false
 */
public boolean search(int item) {
    // 定义cur变量用于遍历
    SingleNode cur = head;
    // 遍历cur，如果cur为空，则表示遍历到了链表尾部，此时退出循环
    while (cur != null) {
        // 存在要查找的元素
        if (cur.item == item) {
            return true;
        }
        // cur后移
        cur = cur.next;
    }
    // 遍历完成后还没找到元素，则返回false
    return false;
}
```

测试代码如下：

```java
public static void main(String[] args) {
```

```java
        SingleLinkList list = new SingleLinkList();
        System.out.println("链表是否为空: " + list.isEmpty());
        System.out.println("链表长度为: " + list.length());
        System.out.println("-----------------------------");
        list.add(43);
        System.out.println("链表长度为: " + list.length());
        list.travel();
        System.out.println("-----------------------------");
        list.add(36);
        System.out.println("链表长度为: " + list.length());
        list.travel();
        System.out.println("-----------------------------");
        list.add(28);
        System.out.println("链表长度为: " + list.length());
        list.travel();
        System.out.println("-----------------------------");
        list.append(52);
        System.out.println("链表长度为: " + list.length());
        list.travel();
        System.out.println("-----------------------------");
        list.append(66);
        System.out.println("链表长度为: " + list.length());
        list.travel();
        System.out.println("-----------------------------");
        list.insert(2, 39);
        System.out.println("链表长度为: " + list.length());
        list.travel();
        System.out.println("-----------------------------");
        list.insert(0, 19);
        System.out.println("链表长度为: " + list.length());
        list.travel();
        System.out.println("-----------------------------");
        list.insert(9, 69);
        System.out.println("链表长度为: " + list.length());
        list.travel();
        System.out.println("-----------------------------");
        list.remove(39);
        System.out.println("链表长度为: " + list.length());
        list.travel();
        System.out.println("-----------------------------");
        list.remove(19);
        System.out.println("链表长度为: " + list.length());
        list.travel();
        System.out.println("-----------------------------");
        System.out.println("尝试查找52,结果为: " + list.search(52));
        System.out.println("尝试查找51,结果为: " + list.search(51));
    }
}
```

运行程序,输出结果如下:
链表是否为空: true
链表长度为: 0

```
--------------------------
链表长度为：1
43,
--------------------------
链表长度为：2
36,43,
--------------------------
链表长度为：3
28,36,43,
--------------------------
链表长度为：4
28,36,43,52,
--------------------------
链表长度为：5
28,36,43,52,66,
--------------------------
链表长度为：6
28,36,39,43,52,66,
--------------------------
链表长度为：7
19,28,36,39,43,52,66,
--------------------------
链表长度为：8
19,28,36,39,43,52,66,69,
--------------------------
链表长度为：7
19,28,36,43,52,66,69,
--------------------------
链表长度为：6
28,36,43,52,66,69,
--------------------------
尝试查找52,结果为：true
尝试查找51,结果为：false
```

该程序中，先在链表头、链表尾、链表中间添加多个元素，再删除 2 个元素，最后在链表中分别查找一个存在的元素和一个不存在的元素。

9.5 树

树（Tree）是一种数据结构，它是由 n 个有限节点组成的具有层次关系的集合，该数据结构看起来像一棵"倒挂的树"，根在上，叶在下。它具有如下特点。

- 一个节点最多只能有一个前驱节点（父节点），但可以有多个后继节点（子节点）。
- 根节点没有父节点。
- 非根节点有且只有一个父节点。
- 除了根节点外，其他节点可以组成多个不相交的子树。

较常见的树是二叉树，指的是最多有两个子树的有序树。它是一种特殊的树。

二叉树是 n 个有限节点的集合。当 $n=0$ 的时候称为空二叉树，当 $n>0$ 时它由一个根节点和两个互不相交的、分别称为左子树和右子树的二叉树组成。

二叉树中任何节点的第一个子树称为左子树，左子树的根称为该节点的左孩子；二叉树中任何节点的第二个子树称为右子树，右子树的根称为该节点的右孩子。

一般来说，二叉树有如下 5 种形态（见图 9.22）。
- 空树，即没有任何节点，如图 9.22（a）所示。
- 只有根，没有左子树和右子树，如图 9.22（b）所示。
- 只有根和左子树，没有右子树，如图 9.22（c）所示。
- 只有根和右子树，没有左子树，如图 9.22（d）所示。
- 根、左子树、右子树都有，如图 9.22（e）所示。

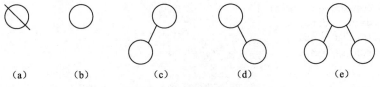

图 9.22　二叉树的 5 种形态

在一棵二叉树中，如果除了最后一层没有任何子节点外，每一层上的所有节点都有两个子节点，则该二叉树称为满二叉树，如图 9.23 所示。

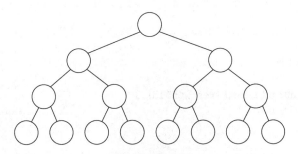

图 9.23　满二叉树

从图中可以得知，如果二叉树的层数为 K，节点数为 2^K-1，则该二叉树为满二叉树。此时该满二叉树的第 i 层上有 2^{K-1} 个节点。

对满二叉树的节点进行编号，从根节点开始，从上到下，从左到右。如果有另一棵深度为 K、节点个数为 n 的二叉树，它的每一个节点都与深度为 K 的满二叉树中编号从 1 到 n 的节点一一对应时，则该二叉树称为完全二叉树，如图 9.24 所示。

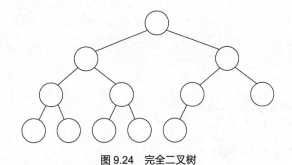

图 9.24　完全二叉树

满二叉树和完全二叉树都属于特殊形态的二叉树。

我们可以定义一个二叉树的接口，见例 9.6。

【例 9.6】实现二叉树的数据结构，代码如下：

Example_tree_1\BTree.java

```java
public class BTree {
    // 描述节点的数据项
    private Object data;
    // 左子树和右子树
    private BTree lChild;
    private BTree rChild;

    public BTree(Object data) {
        this.data = data;
        this.lChild = null;
        this.rChild = null;
    }

    /**
     * 为当前树添加左子树
     */
    public void addLeftTree(BTree lChild) {
        this.lChild = lChild;
    }

    /**
     * 为当前树添加右子树
     */
    public void addRightTree(BTree rChild) {
        this.rChild = rChild;
    }

    /**
     * 清空树
     */
    public void clearTree() {
        this.data = null;
        this.lChild = null;
        this.rChild = null;
    }

    /**
     * 求二叉树的深度
     */
    public int depth() {
        return depth(this);
    }

    private int depth(BTree btree) {
        if(btree.isEmpty()) {
            return 0;
        } else if (btree.isLeaf()) {
            return 1;
```

```java
        } else {
            if(btree.getLeftChild() == null) {
                return depth(btree.getRightChild()) + 1;
            } else if (btree.getRightChild() == null) {
                return depth(btree.getLeftChild()) + 1;
            } else {
                return Math.max(depth(btree.getLeftChild()), depth(btree.getRightChild())) + 1;
            }
        }
    }

    /**
     * 获取当前树节点的左子树
     */
    public BTree getLeftChild() {
        return lChild;
    }

    /**
     * 获取当前树节点的右子树
     */
    public BTree getRightChild() {
        return rChild;
    }

    /**
     * 获取根节点
     */
    public Object getRootData() {
        return data;
    }

    /**
     * 判断当前树是否有左子树
     * 如果有左子树，则返回true，否则返回false
     */
    public boolean hasLeftTree() {
        if(lChild != null) {
            return true;
        }
        return false;
    }

    /**
     * 判断当前树是否有右子树
     * 如果有右子树，则返回true，否则返回false
     */
    public boolean hasRightTree() {
        if(rChild != null) {
            return true;
        }
        return false;
    }
```

```java
/**
 * 判断当前树是否为空树
 * 如果为空树,则返回true,否则返回false
 */
public boolean isEmpty() {
    if((lChild == null && rChild == null && data == null) || this == null) {
        return true;
    }
    return false;
}

/**
 * 判断当前节点是否为叶子节点
 * 如果为叶子节点则返回true,否则返回false
 */
public boolean isLeaf() {
    if(lChild == null && rChild == null) {
        return true;
    }
    return false;
}

/**
 * 删除当前树节点的左子树
 */
public void removeLeftChild() {
    lChild = null;
}

/**
 * 删除当前树节点的右子树
 */
public void removeRightChild() {
    rChild = null;
}

/**
 * 获取根节点
 */
public BTree root() {
    return this;
}

/**
 * 设置根节点的数据
 */
public void setRootData(int data) {
    this.data = data;
}

/**
 * 求二叉树中节点的个数
 */
public int size() {
```

```
            return size(this);
        }

        private int size(BTree btree) {
            if(btree == null) {
                return 0;
            } else if (btree.isLeaf()) {
                return 1;
            } else {
                if(btree.getLeftChild() == null) {
                    return size(btree.getRightChild()) + 1;
                } else if (btree.getRightChild() == null) {
                    return size(btree.getLeftChild());
                } else {
                    return size(btree.getLeftChild()) + size(btree.getRightChild()) + 1;
                }
            }
        }
    }
```

以上实现了二叉树的基本功能,接下来再实现二叉树遍历功能。

二叉树的遍历是指按照一定的顺序访问树中所有的节点。通常有 3 种遍历方式:前序遍历、中序遍历、后序遍历。

假设根节点、左孩子节点、右孩子节点分别用 D、L、R 表示,则:
- 前序遍历是指先访问根节点,再访问左、右孩子节点,所以顺序为"DLR";
- 中序遍历是指先访问左孩子节点,再访问根节点,最后访问右孩子节点,所以顺序为"LDR";
- 后序遍历是指先访问左、右孩子节点,最后才访问根节点,所以顺序为"LRD"。

对二叉树进行遍历的代码如下:

Example_tree_1\BTree.java

```
/**
 * 前序遍历
 * root 待遍历的根节点
 */
public void preOrderTravel(BTree root) {
    System.out.print(root.getRootData() + "\t");
    if(root.getLeftChild() != null) {
        preOrderTravel(root.getLeftChild());
    }
    if(root.getRightChild() != null) {
        preOrderTravel(root.getRightChild());
    }
}

/**
 * 中序遍历
 * root 待遍历的树根节点
 */
public void inOrderTravel(BTree root) {
    if(root.getLeftChild() != null) {
        inOrderTravel(root.getLeftChild());
    }
```

```java
        System.out.print(root.getRootData() + "\t");
        if(root.getRightChild() != null) {
            inOrderTravel(root.getRightChild());
        }
    }

    /**
     * 后序遍历
     * root 待遍历的树根节点
     */
    public void postOrderTravel(BTree root) {
        if(root.getLeftChild() != null) {
            postOrderTravel(root.getLeftChild());
        }
        if(root.getRightChild() != null) {
            postOrderTravel(root.getRightChild());
        }
        System.out.print(root.getRootData() + "\t");
    }
```

现在，假设我们要构建图 9.25 所示的二叉树。

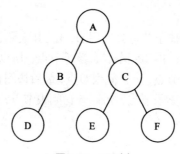

图 9.25 二叉树

在例 9.6 的基础上，添加测试代码如下。

Example_tree_1\BTree.java
```java
public static void main(String[] args) {
    // 构建二叉树
    BTree btree = new BTree("A");
    BTree bt1 = new BTree("B");
    btree.addLeftTree(bt1);
    BTree bt2 = new BTree("C");
    btree.addRightTree(bt2);
    BTree bt3 = new BTree("D");
    bt1.addLeftTree(bt3);
    BTree bt4 = new BTree("E");
    bt2.addLeftTree(bt4);
    BTree bt5 = new BTree("F");
    bt2.addRightTree(bt5);
    // 测试树的基本接口
    System.out.println("树的深度: " + btree.depth());
    System.out.println("树的节点数: " + btree.size());
    System.out.println("是否为空树: " + btree.isEmpty());
    System.out.println("根节点是否为叶子节点: " + btree.isLeaf());
```

```
        System.out.println("左下方节点是否为叶子节点: " + btree.getLeftChild().getLeftChild().
isLeaf());
        System.out.println("根节点是: " + btree.getRootData());
        // 遍历
        System.out.print("\n 前序遍历: ");
        btree.preOrderTravel(btree);
        System.out.print("\n 中序遍历: ");
        btree.inOrderTravel(btree);
        System.out.print("\n 后序遍历: ");
        btree.postOrderTravel(btree);
    }
```

运行程序，输出结果如下：

树的深度: 3
树的节点数: 6
是否为空树: false
根节点是否为叶子节点: false
左下方节点是否为叶子节点: true
根节点是: A

前序遍历: A　　B　　D　　C　　E　　F
中序遍历: D　　B　　A　　E　　C　　F
后序遍历: D　　B　　E　　F　　C　　A

该程序中，根据 6 个节点构建深度为 3 的二叉树，并分别通过前序、中序、后序遍历的方式遍历该树。

9.6　堆

堆（Heap）通常指可以被看作完全二叉树的数组对象。它需要满足如下性质：
- 堆中某个节点的值总是不大于或不小于父节点的值；
- 堆总是表示为完全二叉树。

其中，根节点值最大的堆称为最大堆，根节点值最小的堆称为最小堆。
最小堆和最大堆的形态如图 9.26 所示。

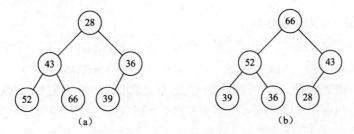

图 9.26　最小堆和最大堆的形态

图 9.26（a）是一个最小堆，图 9.26（b）是一个最大堆。简单起见，后文都以最小堆为例进行说明。
堆虽然表示为完全二叉树，但是通常存放在数组中。数组的索引从 1 开始（当然也可以从 0 开始，只是索引从 1 开始计算起来比较简单）。父节点与子节点的"父子关系"通过数组索引来确定，

最小堆对应的索引数组如图 9.27 所示。

从图 9.27 可以总结出，通过节点在数组中的索引计算它的父节点、左孩子节点、右孩子节点的索引的公式为：
- 左孩子节点索引=节点索引×2；
- 右孩子节点索引=节点索引×2+1；
- 父节点索引=节点索引/2，并向下取整。

要构建一个堆，除了需要知道如何计算父节点及左、右子节点外，还需要建堆并保持堆的性质。

首先来建堆，现在给定一个数组，并根据这个数组构建一个堆。

假设已经有图 9.28 所示的待插入元素的最小堆。

接下来我们希望往堆中插入元素 19，即将元素 19 放到最小堆的最后，如图 9.29 所示。

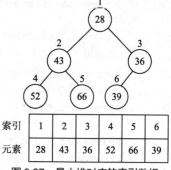

图 9.27　最小堆对应的索引数组

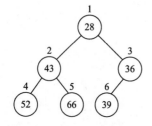

图 9.28　待插入元素的最小堆

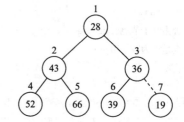

图 9.29　将元素 19 放到最小堆的最后

由于 19<36，索引 7 与父节点索引 3 没有保持堆的性质，因此需要考虑把索引 3 的元素下移；然后发现 19<28，索引 3 与父节点索引 1 又没有保持堆的性质，因此继续把索引 1 的元素下移。往最小堆中插入元素的过程如图 9.30 所示。

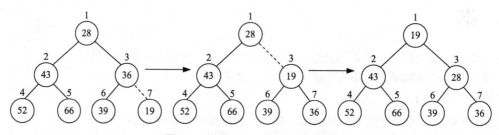

图 9.30　往最小堆中插入元素的过程

插入元素后的最小堆如图 9.31 所示。

然后来看如何保持堆的性质。假设已经存在两个最小堆，现在需要把一个新节点作为这两个最小堆的根，形成新的最小堆，但是添加这个新节点后可能不能保持最小堆的性质（这个新节点可能比原来两个最小堆的根的值要大），所以要考虑把这个元素下移。操作方法是：从这个新节点和它的孩子节点中选择值最小的，如果值最小的节点就是这个新节点本身，则堆就满足最小堆的性质，否则就将这个新节点与值最小的节点交换，交换后新节点在新的位置上也可能无法保持最小堆的性质，所以需要继续递归。直到交换后的新节点所在的位置比孩子节点都小或到达子节点位置。

根据上面的思路，我们来看如何在堆中删除元素，假设已有图 9.32 所示的待删除元素的最小堆。

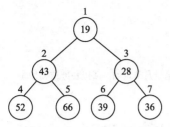
图 9.31 插入元素后的最小堆

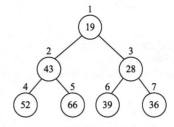
图 9.32 待删除元素的最小堆

接下来我们希望从堆中删除堆顶的元素 19。因为少了一个元素，所以先把最后一个元素 36 放到被删除元素的位置，如图 9.33 所示。

由于索引 1 的元素发生了改变，有可能会导致没有保持堆的性质，因此需要比较索引 1 与子节点索引 2、3 的元素的值，找出值最小的元素。经过比较，发现值最小的元素是索引 3 的元素 28，不是索引 1 的元素，所以将索引 1 与索引 3 的元素交换位置。

接下来由于索引 3 的元素发生了改变，有可能会导致没有保持堆的性质，因此需要比较索引 3 与子节点索引 6 的元素的值，找出值最小的元素。经过比较，发现值最小的元素就是索引 3 本身的元素 36，所以停止操作。删除元素后保持最小堆性质的过程如图 9.34 所示。

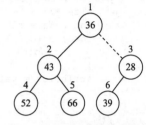
图 9.33 从最小堆中删除元素并把最后一个元素放到删除元素的位置

删除元素后保持最小堆性质的堆，如图 9.35 所示。

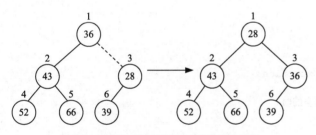
图 9.34 删除元素后保持最小堆性质的过程

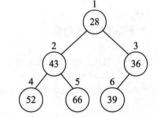
图 9.35 删除元素后保持最小堆性质的堆

堆的实现代码参考例 9.7。

【例 9.7】实现堆的数据结构，代码如下：

Example_heap_1\Heap.java
```java
public class Heap {
    // 存储堆中的数据
    private int[] arr;
    // 堆中存储的节点的数量
    private int size;

    public Heap(int[] items) {
        size = items.length;
        arr = new int[size + 1];
        int i = 1;
        for(int item : items) {
            arr[i] = item;
            i++;
        }
```

```java
        buildHeap();
    }

    public Heap(int capacity) {
        size = 0;
        arr = new int[capacity + 1]; // 注意,索引0是没有节点的,所以长度值要加1
    }

    /**
     * 往堆中添加节点
     */
    public void insert(int value) {
        size++;
        int hole = size;
        for(; hole > 1 && value < arr[hole / 2]; hole /= 2) {
            arr[hole] = arr[hole / 2];
        }
        arr[hole] = value;
    }

    /**
     * 找出堆中最小的值
     */
    public int findMin() throws Exception {
        if(isEmpty()) {
            throw new Exception("堆是空的");
        }
        return arr[1];
    }

    /**
     * 删除堆中最小的值
     */
    public int deleteMin() throws Exception {
        if (isEmpty()) {
            throw new Exception("堆是空的");
        }
        int item = findMin();
        arr[1] = arr[size];
        arr[size] = 0;
        size--;
        percolateDown(1);
        return item;
    }

    private void buildHeap() {
        for(int i = size / 2; i > 0; i--) {
            percolateDown(i);
        }
    }

    /**
     * 求堆的大小
     * 返回堆中元素的数量
     */
    public int size() {
        return size;
    }
```

```java
/**
 * 判断堆是否为空
 * 如果为空,则返回 true, 否则返回 false
 */
public boolean isEmpty() {
    return size == 0;
}

/**
 * 判断堆是否为满
 * 如果为满,则返回 true, 否则返回 false
 */
public boolean isFull() {
    return size == arr.length - 1;
}

private void percolateDown(int hole) {
    int child;
    int tmp = arr[hole];

    for(; hole * 2 <= size; hole = child) {
        child = hole * 2; // 获取左子树节点
        // 如果左子树节点不是最后一个节点并且左子树大于右子树
        if(child != size && arr[child + 1] < arr[child]) {
            child++; // child 指向右子树
        }
        // 如果 child 指向的值比 tmp 的值小
        if(arr[child] < tmp) {
            arr[hole] = arr[child]; // 交换值
        } else {
            break;
        }
    }
    arr[hole] = tmp;
}

/**
 * 遍历堆中的元素
 */
public void travel() {
    StringBuilder str = new StringBuilder("");
    for (int value : arr) {
        str.append(value + "\t");
    }
    System.out.println(str.toString());
}
```

在例 9.7 的基础上, 添加测试代码, 如下。

Example_heap_1\Heap.java
```java
public static void main(String[] args) throws Exception {
    int[] arr = {43, 36, 28, 52, 66, 39};
    Heap heap1 = new Heap(arr);
    System.out.println("堆中的节点数量为: " + heap1.size());
    heap1.travel();
```

```java
            System.out.println("------------------------------");
            int items = 10;
            Heap heap2 = new Heap(items);
            System.out.println("堆是否为空: " + heap2.isEmpty());
            System.out.println("堆中的节点数量为: " + heap2.size());
            System.out.println("------------------------------");
            heap2.insert(43);
            heap2.travel();
            System.out.println("------------------------------");
            heap2.insert(36);
            heap2.travel();
            System.out.println("------------------------------");
            heap2.insert(28);
            heap2.travel();
            System.out.println("------------------------------");
            heap2.insert(52);
            heap2.travel();
            System.out.println("------------------------------");
            heap2.insert(66);
            heap2.travel();
            System.out.println("------------------------------");
            heap2.insert(39);
            heap2.travel();
            System.out.println("------------------------------");
            heap2.insert(19);
            heap2.travel();
            System.out.println("------------------------------");
            heap2.deleteMin();
            heap2.travel();
            System.out.println("------------------------------");
}
```

运行程序，输出结果如下：

```
堆中的节点数量为: 6
0     28    36    39    52    66    43
------------------------------
堆是否为空: true
堆中的节点数量为: 0
------------------------------
0     43    0     0     0     0     0     0     0     0
------------------------------
0     36    43    0     0     0     0     0     0     0
------------------------------
0     28    43    36    0     0     0     0     0     0
------------------------------
0     28    43    36    52    0     0     0     0     0
------------------------------
0     28    43    36    52    66    0     0     0     0
------------------------------
0     28    43    36    52    66    39    0     0     0
------------------------------
0     19    43    28    52    66    39    36    0     0
------------------------------
0     28    43    36    52    66    39    0     0     0
```

该程序中，构建堆的 7 个节点为 19、43、28、52、66、39、36，然后通过 deleteMin() 删除了根节点，对该堆进行重新构建。

9.7 散列表

散列表（Hash Table）是可根据键值（Key-Value）对直接访问的数据结构。它通过把键值对映射到表中的位置来访问记录，以加快查找的速度。这个过程中实现映射的映射函数称为散列函数，而存放记录的数组则称为散列表。

我们给出如下定义。

给定表 M，假设存在函数 f(key)，针对任意给定的键（key），通过函数 f 能得到包含该键的记录在表中的地址，则称表 M 为散列表、函数 f(key)为散列函数。

散列的查找算法的实现方法如下。

- 使用散列函数将被查找的键转换为数组的索引。理想情况下，不同的键会转换为不同的索引，但也有多个键被"散列"到同一个索引值的情况，此时就需要处理碰撞冲突。
- 处理碰撞冲突。如使用拉链法和线性探测法。

这里以拉链法为例，我们可以将键转换为数组的索引(0~n-1)。但是对于两个或多个键具有相同的索引的情况，需要有一种方法来处理这种冲突。比较直接的方法是：将长度为 M 的数组的每个元素指向一个链表，链表中每一个节点都存储散列值为该索引的键值对，这就是拉链法，散列表的形态如图 9.36 所示。

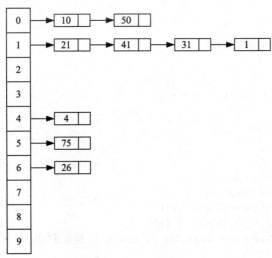

图 9.36　散列表的形态

参考代码见例 9.8。

【例 9.8】实现散列表的数据结构，代码如下：

Example_hashmap_1\HashNode.java
```java
public class HashNode {
    // 值
    private int value;
    // 指向下一个节点
    private HashNode next;

    public HashNode(int value) {
        this.value = value;
```

```java
        this.next = null;
    }

    public HashNode(int value, HashNode next) {
        this.value = value;
        this.next = next;
    }

    public int getValue() {
        return value;
    }

    public void setValue(int value) {
        this.value = value;
    }

    public HashNode getNext() {
        return next;
    }

    public void setNext(HashNode next) {
        this.next = next;
    }
}
```

定义散列表。

Example_hashmap_1\HashMap.java
```java
public class HashMap {
    // 存储头节点的数组
    private HashNode[] nodes;
    // 容量
    private int capacity = 10;

    // 构造器
    public HashMap(int capacity) {
        this.capacity = capacity;
        nodes = new HashNode[capacity];
        for(int i = 0; i < capacity; i++) {
            nodes[i] = new HashNode(0); // HashNode 构造器参数为 0 则表示头节点
        }
    }

    /**
     * 往散列表中添加元素
     */
    public void put(int value) {
        HashNode newNode = new HashNode(value);
        // 计算 key 的值
        int key = value % capacity;
        // 放到对应的位置
        HashNode node = nodes[key];
        // 找到链表末尾
        while (node.getNext() != null) {
            node = node.getNext();
```

```java
        }
        node.setNext(newNode);
    }

    /**
     * 获取散列表中的元素
     * 如果找到对应的元素，则返回该元素；如果找不到，则返回-1
     */
    public int get(int value) {
        // 计算 key 的值
        int key = value % capacity;
        // 找到对应的位置
        HashNode node = nodes[key];
        // 遍历链表找元素
        while(node.getNext() != null) {
            node = node.getNext();
            if (node.getValue() == value) {
                return node.getValue();
            }
        }
        return -1;
    }

    /**
     * 遍历散列表
     */
    public void travel() {
        for(int key = 0; key < nodes.length; key++) {
            System.out.print(key + ":");
            HashNode node = nodes[key];
            while(node.getNext() != null) {
                node = node.getNext();
                System.out.print("\t" + node.getValue());
            }
            System.out.println();
        }
    }
}
```

在例 9.8 的基础上，添加测试代码如下。

Example_hashmap_1\HashMap.java

```java
public static void main(String[] args) {
    HashMap map = new HashMap(10);
    map.put(21);
    map.put(75);
    map.put(41);
    map.put(10);
    map.put(4);
    map.put(50);
    map.put(31);
    map.put(26);
    map.put(1);
    System.out.println("遍历散列表：");
    map.travel();
```

```
System.out.println("-----------------------------");
System.out.println("散列表中查找 41 的结果为: " + map.get(41));
System.out.println("散列表中查找 50 的结果为: " + map.get(50));
System.out.println("散列表中查找 26 的结果为: " + map.get(26));
System.out.println("散列表中查找 27 的结果为: " + map.get(27));
    }
```

运行程序，输出结果如下：

```
遍历散列表:
0:      10      50
1:      21      41      31      1
2:
3:
4:      4
5:      75
6:      26
7:
8:
9:
-----------------------------
散列表中查找 41 的结果为: 41
散列表中查找 50 的结果为: 50
散列表中查找 26 的结果为: 26
散列表中查找 27 的结果为: -1
```

该程序中，根据多个元素构建了散列表，然后在散列表中分别查找存在的元素和不存在的元素。

9.8 图

图（Graph）通常指一些顶点的集合，这些顶点通过一系列边连接起来。

图分为两种：一种是有向图，即每条边都有方向；另一种是无向图，即每条边都没有方向。

通常把有向图中的边称为弧，包含箭头的一端称为弧头，另一端称为弧尾，记作<vi,vj>（使用角括号表示），表示从顶点 vi 到顶点 vj 有一条边；无向图中的边记作(vi, vj)（使用圆括号表示），它实际上包含<vi, vj>和<vj, vi>两条弧。

如果有向图中有 n 个顶点，则最多可以有 $n×(n-1)$ 条弧，又将具有 $n×(n-1)$ 条弧的有向图称为有向完全图。以顶点 v 为弧尾的弧的数量称作顶点 v 的出度，以顶点 v 为弧头的弧的数量称作顶点 v 的入度；如果无向图中有 n 个顶点，则最多有 $n×(n-1)/2$ 条弧，又将具有 $n×(n-1)/2$ 条弧的无向图称作无向完全图，与顶点 v 相关的边的条数称作顶点 v 的度，无向图中不再区分出度和入度。

在图中，从一个顶点到另外一个顶点所经过的边或弧称为路径。如果路径的第一个顶点和最后一个顶点相同，则这条路径是一条回路。

有向图和无向图的示例如图 9.37 所示。

一般可以通过邻接矩阵来表示图。如果顶点之间有连接，用 1 表示；如果顶点之间没有连接，则用 0 表示。

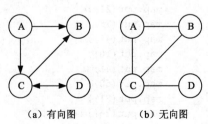

（a）有向图　　（b）无向图

图 9.37　有向图和无向图

图 9.37 中有向图的邻接矩阵如图 9.38 所示。图 9.37 中无向图的邻接矩阵如图 9.39 所示。

	A	B	C	D
A	0	1	1	0
B	0	0	0	0
C	0	1	0	1
D	0	0	1	0

图 9.38　有向图的邻接矩阵

	A	B	C	D
A	0	1	1	0
B	1	0	1	0
C	1	1	0	1
D	0	0	1	0

图 9.39　无向图的邻接矩阵

参考代码见例 9.9。

【例 9.9】实现图的数据结构，代码如下：

Example_graph_1\Graph.java

```java
public class Graph {
    // 图的类型：0 表示无向图，1 表示有向图
    private int gtype;
    // 顶点数量
    private int vexNum;
    // 顶点信息
    private char[] vexValue;
    // 边的信息：0 表示没有边，1 表示有边
    private int[][] edge;

    // 构造器
    public Graph(int gtype) {
        this.vexNum = 0;
        this.gtype = gtype;
    }

    /**
     * 往图中插入一个顶点
     */
    public void insertVex(char vex) {
        // 增加节点数
        vexNum++;
        // 节点数组与边的信息数组扩容
        if(vexNum == 1) {
            vexValue = new char[1];
            edge = new int[1][1];
        } else {
            vexValue = Arrays.copyOf(vexValue, vexNum);
            edge = Arrays.copyOf(edge, vexNum);
            for(int i = 0; i < vexNum - 1; i++) {
                edge[i] = Arrays.copyOf(edge[i], vexNum);
            }
            edge[vexNum-1] = new int[vexNum];
        }
        // 给新节点赋值
        vexValue[vexNum-1] = vex;
```

```java
        }

        /**
         * 往图中插入一条边
         * vexStart 边开始处的顶点
         * vexEnd 边结束处的顶点
         */
        public void insertEdge(char vexStart, char vexEnd) {
            // 找出边开始的顶点与边结束的顶点的索引
            int indexStart = -1;
            for(int i = 0; i < vexNum; i++) {
                if(vexValue[i] == vexStart) {
                    indexStart = i;
                    break;
                }
            }
            if(indexStart < 0) {
                return;
            }
            int indexEnd = -1;
            for(int i = 0; i < vexNum; i++) {
                if(vexValue[i] == vexEnd) {
                    indexEnd = i;
                    break;
                }
            }
            if(indexEnd < 0) {
                return;
            }
            // 赋值
            edge[indexStart][indexEnd] = 1;
            // 无向图需要加上 end 到 start 的路径
            if(gtype == 0) {
                edge[indexEnd][indexStart] = 1;
            }
        }

        /**
         * 遍历图并输出邻接矩阵
         */
        public void travel() {
            for(int i = 0; i < vexNum; i++) {
                System.out.print("\t" + i);
            }
            System.out.println();
            for (int i = 0; i < vexNum; i++) {
                System.out.print(i + ":");
                for(int j = 0; j < vexNum; j++) {
                    System.out.print("\t" + edge[i][j]);
                }
                System.out.println();
            }
        }
    }
```

在例 9.9 的基础上，添加测试代码如下。

Example_graph_1\Graph.java
```java
public static void main(String[] args) {
    Graph g = new Graph(1); // 0 表示无向图，1 表示有向图
    g.insertVex('A');
    g.insertVex('B');
    g.insertVex('C');
    g.insertVex('D');
    g.insertEdge('A', 'B');
    g.insertEdge('A', 'C');
    g.insertEdge('C', 'B');
    g.insertEdge('C', 'D');
    g.travel();
}
```

运行程序，输出结果如下：

```
      0    1    2    3
0:    0    1    1    0
1:    0    0    0    0
2:    0    1    0    1
3:    0    0    0    0
```

该程序中，根据 4 个节点构建了一个有向图（图中有 4 条边），并对该图进行了遍历。

9.9 习　　题

一、选择题

1. 对于一个满二叉树，有 m 个叶子节点、k 个分支节点、n 个节点，则下列选项正确的是（　　）。
   A. $m+1=2n$　　　B. $n=m+1$　　　C. $m=k-1$　　　D. $n=2k+1$

2. 下列程序输出的结果是（　　）。
```java
public class Test {
    public static void main(String[] args) {
        int[] array = { 1, 2, 3};
        for (int i = 0; i < array.length / 2; i++) {
            int temp = array[i];
            array[i] = array[array.length - 1 - i];
            array[array.length - 1 - i] = temp;
        }
        System.out.print(Arrays.toString(array));
    }
}
```
   A. [3,2,1]　　　B. [1,2,3]　　　C. [2,1,3]　　　D. [3,1,2]

二、填空题

1. 假设一棵完全二叉树中有 100 个节点，则这棵二叉树中有＿＿＿＿个叶子节点。

2. 假设一棵二叉树的中序遍历序列为 "bdca"，后序遍历序列为 "dbac"，则这棵二叉树的前序遍历序列为＿＿＿＿＿＿＿＿＿＿。

3. 假设顺序循环队列中有 n 个元素，而且规定队头指针 F 指向队头元素的前一位置，队尾指针 R 指向队尾元素的当前位置，则该循环队列中最多能存储＿＿＿＿＿＿个队列元素。

三、编程题

1. 求数组元素的最大值、最小值、总和与平均值。

2. 参考链表的代码，实现循环链表。

3. 参考链表的代码，实现双向链表。

4. 通过终端输入 5 个数，组成长度为 5 的数组，把数组的最大值与数组的第一个值交换，把数组最小的值与数组最后一个值交换，并输出交换后的数组。

   输入长度为 5 的数组：5 2 6 8 1
   输入的原始数组为：5 2 6 8 1
   交换过后的数组为：8 2 6 5 1

5. 输入一组字符串数据，分别统计其中字母、数字、空格和其他字符的个数。例如输出结果为：
   输入一组字符串数据：
   My name is Java. I'm 25 years old.
   统计的字母个数为 22 个
   统计的数字个数为 2 个
   统计的空格个数为 7 个
   统计的其他字符个数为 3 个

6. 顺时针输出矩阵。例如矩阵为：

   ```
   1    2    3    4
   5    6    7    8
   9    10   11   12
   13   14   15   16
   ```

   则输出结果为：
   1,2,3,4,8,12,16,15,14,13,9,5,6,7,11,10

7. 使用栈来实现队列。提示：对于栈的元素可以在出栈操作后再将其放入另一个栈中保存起来，从而模拟队列先入先出的操作。

第10章 算法

学习目标

了解顺序查找法与二分查找法的区别。
熟悉常用的排序算法。
了解冒泡排序、选择排序、插入排序的原理以及它们之间的区别。
了解快速排序的原理。
掌握解决递归问题的两个步骤,能解决简单的递归问题。

算法是指对解决特定问题求解步骤的描述,在计算机中表现为指令的有限序列,并且每条指令表示一个或者多个操作。本章将介绍常用的算法,如查找算法、排序算法、递归算法等,利用图、文生动地描述了各个算法的具体执行流程。本章还提供相应的例子,帮助读者进一步掌握常用的算法。

学完本章后,读者应将常用的算法熟记于心,并能使用算法解决一些复杂的问题,以便高效地完成任务。

10.1 查找算法

查找通常是指在大量的数据中寻找特定元素的方法。查找是计算机应用中常用的基本运算。常用的查找算法有顺序查找法和二分查找法。

10.1.1 顺序查找法

顺序查找也称为线性查找,假设要从一个序列中查找一个元素,顺序查找将从序列的一端开始,顺序扫描,依次将扫描到的元素与要查找的值进行比较,如果相等,表示查找成功;如果扫描结束后仍没有找到与要查找的值相等的元素,则表示查找失败。

具体可参考例10.1。

【例10.1】实现顺序查找法,代码如下:

Example_sequentialsearch_1\SequentialSearch.java
```java
public class SequentialSearch {

    /**
     * 顺序查找
     * arr 为待查找的数组
```

```
 * target 为要查找的元素
 * 返回对应元素的索引, 如果找不到对应元素, 则返回-1
 */
public static int sequentialSearch(int[] arr, int target) {
    for(int i = 0; i < arr.length; i++) {
        if(arr[i] == target) {
            return i;
        }
    }
    return -1;
}
```

在例 10.1 的基础上, 添加测试代码如下。

Example_sequentialsearch_1\SequentialSearch.java
```
public static void main(String[] args) {
    int[] arr = {21, 75, 41, 10, 4, 50, 31, 26, 1};
    int target = 26;
    int result = sequentialSearch(arr, target);
    if(result >= 0) {
        System.out.println("元素" + target + "在数组中的索引是: " + result);
    } else {
        System.out.println("元素" + target + "在数组中找不到");
    }
    System.out.println("------------------------------");
    target = 27;
    result = sequentialSearch(arr, target);
    if(result >= 0) {
        System.out.println("元素" + target + "在数组中的索引是: " + result);
    } else {
        System.out.println("元素" + target + "在数组中找不到");
    }
}
```

运行程序, 输出结果如下:
元素 26 在数组中的索引是: 7

元素 27 在数组中找不到

可以看到, 在一个无序数组中查找元素, 可以通过顺序查找法逐个进行比对, 以找出目标元素在数组中的索引。

10.1.2 二分查找法

使用二分查找法需要确保线性表中的节点按关键字的值升序或降序排列。然后将给定值先与中间节点的关键字的值进行比较, 如果相等则表示查找成功, 如果不相等则把线性表分成左、右两个子表, 根据与中间节点的关键字的值比较的大小确定下一步该查找哪个子表。递归进行上述操作, 直到查找到对应的节点 (表示查找成功) 或查找结束后仍未发现对应的节点 (表示查找失败)。

假设待查找的线性表为序列: 1、4、10、21、26、31、41、50、75。需要查找的元素为 31。查找步骤如下。

第 1 步: 由于数组长度为 9, 因此令 start 指向数组开始位置 (索引为 0), end 指向数组结束位置

（索引为 8）；然后让 middle 指向 start 和 end 的中间位置（middle 指向位置的索引=(start 指向位置的索引+end 指向位置的索引)/2，即索引为 4），如图 10.1 所示。

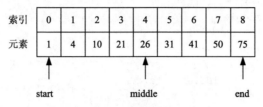

图10.1　二分查找法第1步

由于 middle 指向的元素 26 比要查找的元素 31 小，则从 middle 的右边继续查找。

第 2 步：start 指向 middle 的右边位置，即索引为 5，end 不变；让 middle 指向 start 与 end 的中间位置（middle 指向位置的索引=(start 指向位置的索引+end 指向位置的索引)/2，需向下取整，即索引为 6），如图 10.2 所示。

由于 middle 指向的元素 41 比要查找的元素 31 大，则从 middle 的左边继续查找。

第 3 步：end 指向 middle 的左边位置，即索引为 5，start 不变；让 middle 指向 start 与 end 的中间位置（middle 指向位置的索引=(start 指向位置的索引+end 指向位置的索引)/2，即索引为 5），如图 10.3 所示。

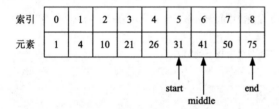

图 10.2　二分查找法第 2 步

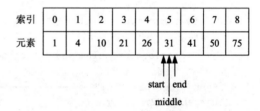

图 10.3　二分查找法第 3 步

由于 middle 指向的元素就是要查找的元素，所以查找结束。

具体可参考例 10.2。

【例 10.2】实现二分查找法，代码如下：

Example_binarysearch_1\BinarySearch.java

```java
public class BinarySearch {

    /**
     * 二分查找，假设数组已经按从小到大的顺序排序
     * arr 为待查找的数组
     * target 为要查找的元素
     * 返回对应元素的索引，如果找不到对应元素，则返回-1
     */
    public static int binarySearch(int[] arr, int target) {
        int start = 0;
        int end = arr.length - 1;
        while(true) {
            // 循环退出条件
            if(start > end) {
                break;
```

```
            }
            // 中间位置
            int middle = (start + end) / 2;
            if(arr[middle] == target) {
                return middle;
            } else if (arr[middle] < target) {
                // 在右边查找
                start = middle + 1;
            } else { // arr[middle] > target
                // 在左边查找
                end = middle - 1;
            }
        }
        return -1;
    }
}
```

在例 10.2 的基础上，添加测试代码如下。

Example_binarysearch_1\BinarySearch.java
```
public static void main(String[] args) {
    int[] arr = {1, 4, 10, 21, 26, 31, 41, 50, 75};
    int target = 31;
    int result = binarySearch(arr, target);
    if(result >= 0) {
        System.out.println("元素" + target + "在数组中的索引是: " + result);
    } else {
        System.out.println("元素" + target + "在数组中找不到");
    }
    System.out.println("------------------------------");
    target = 32;
    result = binarySearch(arr, target);
    if(result >= 0) {
        System.out.println("元素" + target + "在数组中的索引是: " + result);
    } else {
        System.out.println("元素" + target + "在数组中找不到");
    }
}
```

运行程序，输出结果如下：
元素 31 在数组中的索引是：5

元素 32 在数组中找不到

可以看到，若要在一个有序数组中查找元素，可以通过二分查找法快速地找出目标元素在数组中的索引来确定其是否存在。

10.2 排序算法

排序算法是指把一组数据按照一定的规律重新排序的算法。排序后的数据可以更方便地用于筛选和计算，从而大大提高计算效率。

总的来说，常用的排序算法有：冒泡排序法、选择排序法、插入排序法、希尔排序法、快速排序法、归并排序法、堆排序法等。

为了方便说明，后文介绍的排序算法都是基于把整数按从小到大的顺序排序的思路和方式进行排序的。如果在实际情况中需要将整数按从大到小的顺序排序，只要对代码稍加调整即可。

10.2.1 冒泡排序法

冒泡排序是指把较小的元素前移，而把较大的元素后移。该方法主要是通过对序列中相邻的两个元素进行大小比较，根据比较的结果对这两个元素进行位置交换。逐一进行这项操作，就能达到排序的最终目的。

第 1 次冒泡操作如下：首先，把索引为 0 的元素和索引为 1 的元素进行比较，如果是逆序的（索引为 0 的元素的值比索引为 1 的元素的值大），则将这两个元素进行交换；接下来再把索引为 1 的元素和索引为 2 的元素进行比较。依此类推，直到最后两个元素比较结束后，就可以把值最大的元素"冒泡"到最后。

然后，再按照上述过程进行第 2 次、第 3 次冒泡，直到整个序列是有序的。

假设要排序的序列为：21、75、41、10、4、50、31、26、1。排序步骤如下。

第 1 步：把值最大的元素 75 "冒泡"到最右边，即索引为 8 的位置，如图 10.4 所示。

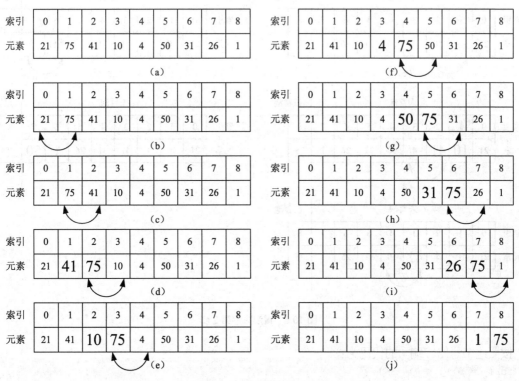

图 10.4 冒泡排序第 1 步

按照这个思路，编写的代码为：
```
for(j = 0; j < 8; j++) {
    if (arr[j] > arr[j + 1]) {
        // 如果这两个数是逆序的，则将其交换
        int temp = arr[j];
```

```
        arr[j] = arr[j + 1];
        arr[j + 1] = temp;
    }
}
```

第 2 步：把值第二大的元素 50 "冒泡" 到倒数第 2 个索引的位置，即索引为 7 的位置，如图 10.5 所示。

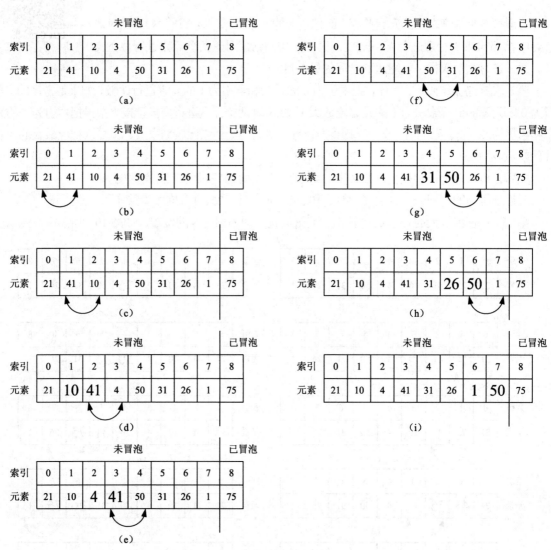

图 10.5　冒泡排序第 2 步

按照这个思路，编写的代码为：
```
for(j = 0; j < 7; j++) {
    if (arr[j] > arr[j + 1]) {
        // 如果这两个元素是逆序的，则交换
        int temp = arr[j];
        arr[j] = arr[j + 1];
        arr[j + 1] = temp;
    }
}
```

第 3 步到第 7 步省略。

第 8 步：把值第八大的元素 4 "冒泡" 到倒数第 8 个索引位置，即索引为 1 的位置，如图 10.6 所示。

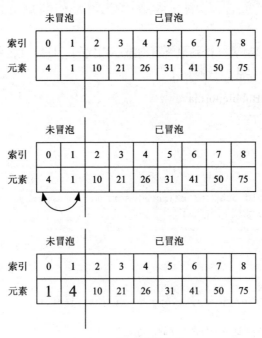

图 10.6　冒泡排序第 8 步

按照这个思路，编写的代码为：
```
for(j = 0; j < 1; j++) {
    if (arr[j] > arr[j + 1]) {
        // 如果这两个元素是逆序的，则交换
        int temp = arr[j];
        arr[j] = arr[j + 1];
        arr[j + 1] = temp;
    }
}
```
注意，上面每一步对应的代码的唯一的不同是 j 遍历的次数，从 8 到 1。考虑设置 i 变量从 0 到 8，则 j 每次冒泡的遍历的次数为 8-i。得到所有步骤的综合操作代码为：
```
for(i = 0; i < 8; i++) {
    for(j = 0; j < 8 - i; j++) {
        if (arr[j] > arr[j + 1]) {
            // 如果这两个元素是逆序的，则交换
            int temp = arr[j];
            arr[j] = arr[j + 1];
            arr[j + 1] = temp;
        }
    }
}
```
这里 8 表示数组的长度减 1，如果换成通用的表示数组长度的 arr.length-1，则代码是：
```
for(i = 0; i < arr.length-1; i++) {
    for(j = 0; j < arr.length - i - 1; j++) {
        if (arr[j] > arr[j + 1]) {
```

```
            // 如果这两个元素是逆序的，则交换
            int temp = arr[j];
            arr[j] = arr[j + 1];
            arr[j + 1] = temp;
        }
    }
}
```

最后对该操作进行接口封装，得到最终冒泡排序的代码。具体可参考例 10.3。

【**例 10.3**】实现冒泡排序法，代码如下：

Example_bubblesort_1\BubbleSort.java
```java
public class BubbleSort {
    /**
     * 冒泡排序
     * arr 待排序的数组
     */
    private static void bubbleSort(int[] arr) {
        // 如果只有一个元素就不用排序了
        if (arr.length <= 1) {
            return;
        }

        for(int i = 0; i < arr.length; i++) {
            for(int j = 0; j < arr.length - i - 1; j++) {
                if (arr[j] > arr[j + 1]) {
                    // 如果这两个数是逆序的，则交换
                    int temp = arr[j];
                    arr[j] = arr[j + 1];
                    arr[j + 1] = temp;
                }
            }
        }
    }

    /**
     * 数组转字符串
     * arr 输入的整型数组
     * 返回转换后的字符串
     */
    private static String arrayToString(int[] arr) {
        StringBuilder str = new StringBuilder("");
        for (int value : arr) {
            str.append(value + "\t");
        }
        return str.toString();
    }
}
```

在例 10.3 的基础上，添加测试代码，如下。

Example_bubblesort_1\BubbleSort.java：
```java
public static void main(String[] args) {
    int[] arr = {21, 75, 41, 10, 4, 50, 31, 26, 1};
    System.out.println("排序前: " + arrayToString(arr));
    bubbleSort(arr);
```

```
        System.out.println("排序后: " + arrayToString(arr));
    }
```
运行程序,输出结果如下:
排序前: 21   75   41   10   4   50   31   26   1
排序后: 1   4   10   21   26   31   41   50   75
可以看到,使用冒泡排序法,可以实现我们的预期:对一个无序序列进行排序。

10.2.2 选择排序法

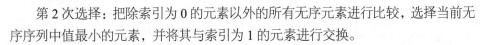

选择排序是指为每一个位置选择当前无序序列中值最小的元素。

第 1 次选择:对全部元素进行比较,选出值最小的元素,并将其与索引为 0 的元素进行交换。

第 2 次选择:把除索引为 0 的元素以外的所有无序元素进行比较,选择当前无序序列中值最小的元素,并将其与索引为 1 的元素进行交换。

重复上述操作,直到整个序列是有序的。

假设要排序的序列为:21、75、41、10、4、50、31、26、1。

排序步骤如下。

第 1 步:找出值最小的元素,与索引为 0 的元素进行交换,如图 10.7 所示。

按照这个思路,编写的代码为:

```
// 查找未排序部分的最小值
int minIndex = 0;
for(int j = 0; j<arr.length; j++) {
    // 找到值最小的元素,并记录值最小的元素的索引
    if (arr[j] < arr[minIndex]) {
        minIndex = j;
    }
}

// 与未排序部分最左边的元素交换
int temp = arr[0];
arr[0] = arr[minIndex];
arr[minIndex] = temp;
```

第 2 步:找出值第二小的元素,与未排序部分最左边的元素交换,即与索引为 1 的元素交换,如图 10.8 所示。

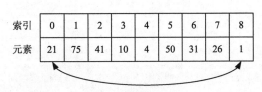

图 10.7 选择排序第 1 步   图 10.8 选择排序第 2 步

按照这个思路,编写的代码为:

```
// 查找未排序部分的最小值
int minIndex = 1;
for(int j = 1; j<arr.length; j++) {
    // 找到值最小的元素,并记录值最小的元素的索引
```

```java
        if (arr[j] < arr[minIndex]) {
            minIndex = j;
        }
    }
```

```java
//与未排序部分最左边的元素交换
int temp = arr[1];
arr[1] = arr[minIndex];
arr[minIndex] = temp;
```

第 3 步到第 7 步省略。

第 8 步：找出值第八小的元素，与未排序部分的最左边的元素交换，即与索引为 7 的元素交换，如图 10.9 所示。

按照这个思路，编写的代码为：

```java
//查找未排序部分的最小值
int minIndex = 7;
for(int j = 7; j<arr.length; j++) {
    // 找到值最小的元素，并记录值最小的元素的索引
    if (arr[j] < arr[minIndex]) {
        minIndex = j;
    }
}

// 与未排序部分最左边的元素交换
int temp = arr[7];
arr[7] = arr[minIndex];
arr[minIndex] = temp;
```

至此，整个数组排序完毕，选择排序最终状态如图 10.10 所示。

图 10.9　选择排序第 8 步　　　　　图 10.10　选择排序最终状态

注意，上面每一步对应的代码的唯一的不同是 j 初始的值。把该值提取出来作为 i 变量进行遍历，i 的取值范围为 0~7。得到所有步骤的综合操作代码为：

```java
for(int i = 0; i < arr.length-1; i++) {
    // 查找未排序部分最小值
    int minIndex = i;
    for(int j = i; j<arr.length; j++) {
        // 找到值最小的元素，并记录值最小的元素的索引
        if (arr[j] < arr[minIndex]) {
            minIndex = j;
        }
    }

    //与未排序部分最左边的元素交换
    int temp = arr[i];
    arr[i] = arr[minIndex];
    arr[minIndex] = temp;
}
```

选择排序的完整过程如图 10.11 所示。

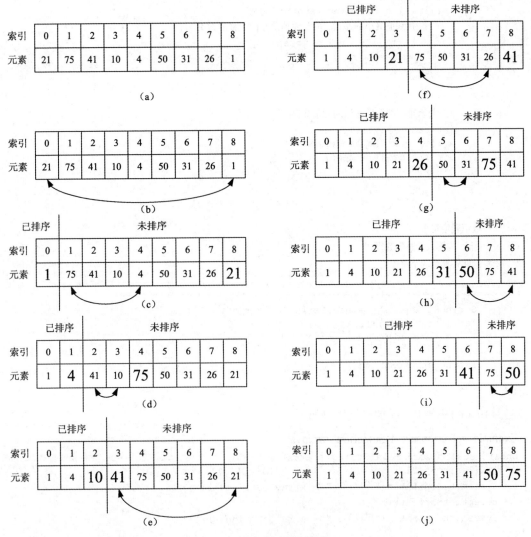

图 10.11 选择排序的完整过程

最后对该操作进行接口封装，得到最终选择排序的代码。具体可参考例 10.4。

【例 10.4】实现选择排序法，代码如下：

Example_selectionsort_1\SelectionSort.java
```java
public class SelectionSort {
    /**
     * 选择排序
     * arr 为待排序的数组
     */
    private static void selectionSort(int[] arr) {
        // 如果只有一个元素就不用排序了
        if (arr.length <= 1) {
            return;
        }

        for(int i = 0; i < arr.length; i++) {
            // 查找未排序部分的最小值
```

```java
            int minIndex = i;
            for(int j = i; j<arr.length; j++) {
                // 找到值最小的元素，并记录值最小的元素的索引
                if (arr[j] < arr[minIndex]) {
                    minIndex = j;
                }
            }

            // 与未排序部分最左边的元素交换
            int temp = arr[i];
            arr[i] = arr[minIndex];
            arr[minIndex] = temp;
        }
    }

    /**
     * 数组转字符串
     * arr 为输入的整型数组
     * 返回转换后的字符串
     */
    private static String arrayToString(int[] arr) {
        StringBuilder str = new StringBuilder("");
        for (int value : arr) {
            str.append(value + "\t");
        }
        return str.toString();
    }
}
```

在例 10.4 的基础上，添加测试代码如下。

Example_selectionsort_1\SelectionSort.java

```java
public static void main(String[] args) {
    int[] arr = {21, 75, 41, 10, 4, 50, 31, 26, 1};
    System.out.println("排序前: " + arrayToString(arr));
    selectionSort(arr);
    System.out.println("排序后: " + arrayToString(arr));
}
```

运行程序，输出结果如下：
排序前：21	75	41	10	4	50	31	26	1
排序后：1	4	10	21	26	31	41	50	75

可以看到，使用选择排序法，同样可以实现我们的预期：对一个无序序列进行排序。

10.2.3　插入排序法

插入排序是指在序列中元素已经部分有序的情况下，通过一次插入一个元素的方式，往有序部分增加元素。

该算法可以实现从有序序列的最末端开始，把待插入的元素和有序序列中对应位置的元素进行比较。如果待插入元素的值大于该位置的元素的值，则直接插入该位置的元素的后面即可；否则需再和前一位置的元素进行比较，直到找到应该插入的位置为止。

假设要排序的数组为：21、75、41、10、4、50、31、26、1。

插入排序步骤如下。

假设最左边的数 21 为已排序的序列部分，其他的元素为未排序的序列部分。

第 1 步：目前索引 0 的元素是已排序的序列，其余为未排序的序列。把未排序部分的首个元素，即索引为 1 的元素，插入已排序序列部分，如图 10.12 所示。

考虑到该操作比较简单，先不展示代码。

第 2 步：把索引为 2 的元素，插入已排序序列部分，如图 10.13 所示。

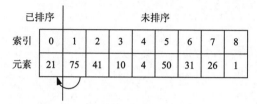

图 10.12　插入排序第 1 步

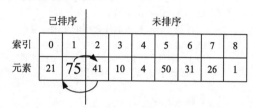

图 10.13　插入排序第 2 步

第 3 步到第 7 步省略。

第 8 步：把索引为 8 的元素，插入已排序序列部分，如图 10.14 所示。

这次采用从后往前倒推的方式，推导出通用的代码。

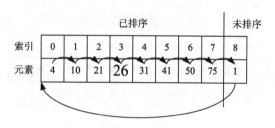

图 10.14　插入排序第 8 步

第 8 步编写的代码为：

```
// temp 为本次循环待插入有序序列的元素
int temp = arr[8];
// 寻找 temp 插入有序序列的正确位置
int j;
for(j = 7; j >= 0 && arr[j] > temp; j--) {
    arr[j + 1] = arr[j];
}
// 插入 temp
arr[j + 1] = temp;
```

第 7 步编写的代码为：

```
// temp 为本次循环待插入有序序列的元素
int temp = arr[7];
// 寻找 temp 插入有序序列的正确位置
int j;
for(j = 6; j >= 0 && arr[j] > temp; j--) {
    arr[j + 1] = arr[j];
}
// 插入 temp
arr[j + 1] = temp;
```

第 6 步到第 2 步的代码省略。

第 1 步编写的代码为：

```
// temp 为本次循环待插入有序序列的元素
int temp = arr[1];
// 寻找 temp 插入有序序列的正确位置
int j;
for(j = 0; j >= 0 && arr[j] > temp; j--) {
    arr[j + 1] = arr[j];
}
// 插入 temp
```

```
arr[j + 1] = temp;
```
注意，上面每一步插入的代码，唯一的不同是 temp 变量指向 arr 序列中的索引值。把该值提取出来作为 i 变量进行遍历，i 的取值范围为 1～8（注意，实际运行时，还得从第 1 步运行到第 8 步）。得到所有步骤的综合操作代码为：

```
for(int i = 1; i < arr.length; i++) {
    // temp 为本次循环待插入有序数组的元素
    int temp = arr[i];
    // 寻找 temp 插入有序数组的正确位置
    int j;
    for(j = i - 1; j >= 0 && arr[j] > temp; j--) {
        arr[j + 1] = arr[j];
    }
    // 插入 temp
    arr[j + 1] = temp;
}
```

插入排序的完整过程如图 10.15 所示。

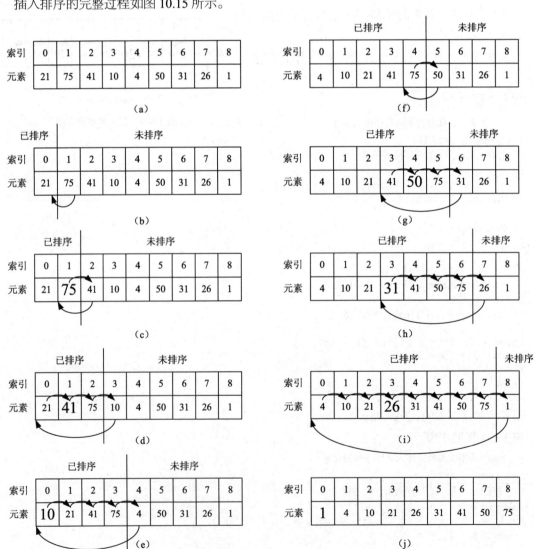

图 10.15　插入排序的完整过程

最后对该操作进行接口封装，得到最终插入排序的代码。具体可参考例 10.5。

【例 10.5】 实现插入排序法，代码如下：

Example_insertsort_1\InsertSort.java
```java
public class InsertSort {
    /**
     * 插入排序
     * arr 为待排序的数组
     */
    private static void insertSort(int[] arr) {
        // 如果只有一个元素就不用排序了
        if (arr.length <= 1) {
            return;
        }

        for(int i = 1; i < arr.length; i++) {
            // temp 为本次循环待插入有序数组的元素
            int temp = arr[i];
            // 寻找 temp 插入有序数组的正确位置
            int j;
            for(j = i - 1; j >= 0 && arr[j] > temp; j--) {
                arr[j + 1] = arr[j];
            }
            // 插入 temp
            arr[j + 1] = temp;
        }
    }

    /**
     * 数组转字符串
     * arr 为输入的整型数组
     * 返回转换后的字符串
     */
    private static String arrayToString(int[] arr) {
        StringBuilder str = new StringBuilder("");
        for (int value : arr) {
            str.append(value + "\t");
        }
        return str.toString();
    }
}
```

在例 10.5 的基础上，添加测试代码如下。

Example_insertsort_1\InsertSort.java
```java
public static void main(String[] args) {
    int[] arr = {21, 75, 41, 10, 4, 50, 31, 26, 1};
    System.out.println("排序前：" + arrayToString(arr));
    insertSort(arr);
    System.out.println("排序后：" + arrayToString(arr));
}
```

运行程序，输出结果如下：

```
排序前：21    75    41    10    4    50    31    26    1
排序后：1     4     10    21    26   31    41    50    75
```

可以看到，使用插入排序法，可以实现我们的预期：对一个部分有序的序列进行排序。

冒泡排序、选择排序、插入排序的实现过程比较简单，但其实它们的算法复杂度不高，在实际算法应用过程中用得比较少。

10.2.4 希尔排序法

希尔排序（Shell's Sort）是插入排序的一种，也称为"缩小增量排序"。它属于非稳定排序的算法。

希尔排序的基本思想是：先把整个待排序序列分割成若干个子序列（由相隔某个"增量"的元素组成），分别进行直接插入排序。然后依次减少增量并再进行排序。当增量减少至1的时候，再对全体元素进行一次直接插入排序。因为直接插入排序在元素基本有序的情况下，效率是比较高的。因此希尔排序在效率上较直接插入排序有较大的改进。

假设要排序的序列为：21、75、41、10、4、50、31、26、1。希尔排序初始状态如图10.16所示。

第1步：设置增量为数组长度的一半，注意需要向下取整，即 9 / 2 = 4。

① 第1.1步：首先对索引为0、4、8的元素进行排序，如图10.17所示。

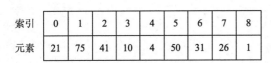

图10.16 希尔排序初始状态

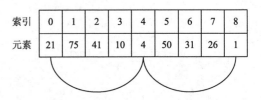

图10.17 希尔排序第1.1步

② 第1.2步：接下来对索引为1、5的元素进行排序，如图10.18所示。

③ 第1.3步：接下来对索引为2、6的元素进行排序，如图10.19所示。

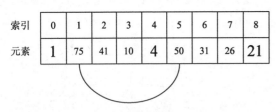

图10.18 希尔排序第1.2步

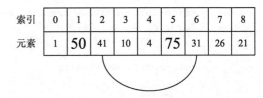

图10.19 希尔排序第1.3步

第1.4步：接下来对索引为3、7的元素进行排序，如图10.20所示。

希尔排序第1步最终结果如图10.21所示。

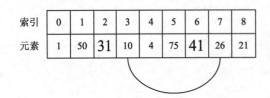

图10.20 希尔排序第1.4步

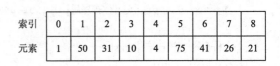

图10.21 希尔排序第1步最终结果

参考代码如下：
```
for(int x = 0; x < 4; x++) {
    for(int i = x + 4; i < arr.length; i += 4) {
        int temp = arr[i];
        int j;
        for (j = i - 4; j >= 0 && arr[j] > temp; j -= 4) {
            arr[j + 4] = arr[j];
        }
        arr[j + 4] = temp;
    }
}
```

第 2 步：接下来设置增量为之前增量的一半，即 4 / 2 = 2。

① 第 2.1 步：首先对索引为 0、2、4、6、8 的元素进行排序，如图 10.22 所示。

② 第 2.2 步：接下来对索引为 1、3、5、7 的元素进行排序，如图 10.23 所示。

希尔排序第 2 步最终结果如图 10.24 所示。

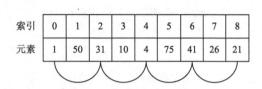

图 10.22　希尔排序第 2.1 步

图 10.23　希尔排序第 2.2 步

索引	0	1	2	3	4	5	6	7	8
元素	1	10	4	26	21	50	31	75	41

图 10.24　希尔排序第 2 步最终结果

参考代码如下：
```
for(int x = 0; x < 2; x++) {
    for(int i = x + 2; i < arr.length; i += 2) {
        int temp = arr[i];
        int j;
        for (j = i - 2; j >= 0 && arr[j] > temp; j -= 2) {
            arr[j + 2] = arr[j];
        }
        arr[j + 2] = temp;
    }
}
```

第 3 步：接下来设置增量为之前增量的一半，即 2 / 2 = 1。

对索引为 0~8 的元素进行排序，如图 10.25 所示。

希尔排序第 3 步最终结果如图 10.26 所示。

索引	0	1	2	3	4	5	6	7	8
元素	1	10	4	26	21	50	31	75	41

图 10.25　希尔排序第 3 步

索引	0	1	2	3	4	5	6	7	8
元素	1	4	10	21	26	31	41	50	75

图 10.26　希尔排序第 3 步最终结果

参考代码如下：
```
for(int x = 0; x < 1; x++) {
    for(int i = x + 1; i < arr.length; i += 1) {
```

```
            int temp = arr[i];
            int j;
            for (j = i - 1; j >= 0 && arr[j] > temp; j -= 1) {
                arr[j + 1] = arr[j];
            }
            arr[j + 1] = temp;
        }
    }
```

最后对该操作进行接口封装，得到最终希尔排序的代码。具体可参考例 10.6。

【例 10.6】实现希尔排序法，代码如下：

Example_shellsort_1\ShellSort.java
```java
public class ShellSort {

    /**
     * 希尔排序
     * arr 为待排序的数组
     */
    private static void shellSort(int[] arr) {
        // 如果只有一个元素就不用排序了
        if (arr.length <= 1) {
            return;
        }

        for (int gap = arr.length / 2; gap > 0; gap /= 2) {
            for(int x = 0; x < gap; x++) {
                for(int i = x + gap; i < arr.length; i += gap) {
                    int temp = arr[i];
                    int j;
                    for (j = i - gap; j >= 0 && arr[j] > temp; j -= gap) {
                        arr[j + gap] = arr[j];
                    }
                    arr[j + gap] = temp;
                }
            }
        }
    }

    /**
     * 数组转字符串
     * arr 为输入的整型数组
     * 返回转换后的字符串
     */
    private static String arrayToString(int[] arr) {
        StringBuilder str = new StringBuilder("");
        for (int value : arr) {
            str.append(value + "\t");
        }
        return str.toString();
    }
}
```

在例 10.6 的基础上，添加测试代码如下。

Example_shellsort_1\ShellSort.java
```
public static void main(String[] args) {
    int[] arr = {21, 75, 41, 10, 4, 50, 31, 26, 1};
    System.out.println("排序前: " + arrayToString(arr));
    shellSort(arr);
    System.out.println("排序后: " + arrayToString(arr));
}
```
运行程序，输出结果如下：
排序前：21   75   41   10   4   50   31   26   1
排序后：1   4   10   21   26   31   41   50   75

希尔排序的效率比前面 3 种排序算法的效率要高，但也增加了不稳定的因素。

10.2.5 快速排序法

快速排序是指首先把序列分割成两部分，其中一部分元素的值全部小于另一部分元素的值。然后，根据这种方法对这两部分序列的元素分别再次进行快速排序。使用递归的方式来实现这个过程，最终就能够实现将序列变成一个有序的序列。

实际排序的时候，通常以序列中首个元素作为分割的参考值。通过比较把这个元素放到一个合理的位置，并把值比它小的元素全部放到它的左边，把值比它大的元素全部放到它的右边。然后，分别把分割后左边序列和右边序列的首个元素再次作为左边序列和右边序列分割的参考值，依此类推，即可实现快速排序法。

假设要排序的序列为：21、75、41、10、4、50、31、26、1。

第 1 步：以序列的首个元素，即索引为 0 的元素 21 为参考值，把整个序列分割为两部分。实现左边一部分元素的值全部小于 21，右边一部分元素的值全部大于 21。

为达到上述目的，可进行如下操作：定义 left 指向序列开始位置（索引为 0 的元素）、right 指向序列结束位置（索引为 8 的元素），记录下序列头元素为 key（21）。同时定义 i=left=0，j=right=8，快速排序初始状态如图 10.27 所示。

① 第 1.1 步：让 j 从右向左移，当遇到比 key（21）小的值就停下来，由于 j 一开始指向的值 1 就小于 key，因此这里实际上 j 并不移动；i 从左向右移，直到遇到比 key（21）大的值停下来，这里 i 移动到索引为 1 的元素 75 后停下来，如图 10.28 所示。

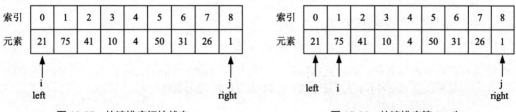

图 10.27　快速排序初始状态　　　　图 10.28　快速排序第 1.1 步

② 第 1.2 步：交换 i 和 j 所指向的元素（75 和 1）。然后让 j 继续向左移，直到遇到比 key（21）小的元素就停下来，这里 j 移动到索引为 4 的元素 4 后停下来；让 i 继续向右移，直到遇到比 key（21）大的元素就停下来，这里 i 移动到索引为 2 的元素 41 后停下来，如图 10.29 所示。

③ 第 1.3 步：交换 i 和 j 所指向的元素（41 和 4）。然后让 j 继续向左移，直到遇到比 key（21）

小的元素就停下来，这里 j 移动到索引为 3 的元素 10 后停下来；让 i 继续向右移，结果指向和 j 相同的位置，此时不再移动，如图 10.30 所示。

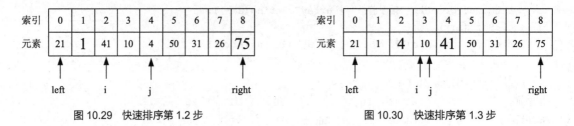

图 10.29　快速排序第 1.2 步　　　　　　　图 10.30　快速排序第 1.3 步

④ 第 1.4 步：当 i 和 j 指向相同位置的时候，交换 i 和序列的头元素（10 和 21），如图 10.31 所示。

此时，可以确保原来序列的头元素（21）现在所处的位置，左边的元素值（10、1、4）都比它小，右边的元素值（41、50、31、26、75）都比它大。这样快速排序第 1 步就结束了，最终结果如图 10.32 所示。

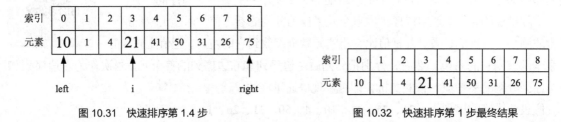

图 10.31　快速排序第 1.4 步　　　　　　　图 10.32　快速排序第 1 步最终结果

第 2 步：在前面的基础上，对 21 左边的序列和右边的序列再分别进行快速排序。具体的操作省略。重复上面的操作，就可以得到快速排序的最终结果。

具体可参考例 10.7。

【例 10.7】实现快速排序法，代码如下：

Example_quicksort_1\QuickSort.java

```java
public class QuickSort {
    /**
     * 快速排序
     * arr 为待排序的数组
     * left 为排序位置左边元素的索引
     * right 为排序位置右边元素的索引
     */
    private static void quickSort(int[] arr, int left, int right) {
        // 如果 left 的值不小于 right 的值，则排序没有意义，直接返回
        if (left >= right) {
            return;
        }
        // 设置最左边的元素为参考值
        int key = arr[left];
        // 把比 key 小的元素放在左边，比 key 大的元素放在右边
        int i = left;
        int j = right;
```

```java
        while (i < j) {
            // 让 j 向左移动，直到遇到比 key 小的元素
            while(arr[j] >= key && i < j) {
                j--;
            }
            // 让 i 向右移动，直到遇到比 key 大的元素
            while(arr[i] <= key && i < j) {
                i++;
            }
            // 使 i 和 j 指向的元素交换
            if (i < j) {
                int temp = arr[i];
                arr[i] = arr[j];
                arr[j] = temp;
            }
        }
        // 交换 arr[i] 和 arr[left]
        // int key = arr[left]; // 这一句前面已经写了
        arr[left] = arr[i];
        arr[i] = key;
        // 分别对 i 的左边和 i 的右边进行下一轮的快速排序
        quickSort(arr, left, i - 1);
        quickSort(arr, i + 1, right);
    }

    /**
     * 数组转字符串
     * arr 为输入的整型数组
     * 返回转换后的字符串
     */
    private static String arrayToString(int[] arr) {
        StringBuilder str = new StringBuilder("");
        for (int value : arr) {
            str.append(value + "\t");
        }
        return str.toString();
    }
}
```

测试代码如下：

```java
public static void main(String[] args) {
    int[] arr = {21, 75, 41, 10, 4, 50, 31, 26, 1};
    System.out.println("排序前: " + arrayToString(arr));
    quickSort(arr, 0, arr.length - 1);
    System.out.println("排序后: " + arrayToString(arr));
}
```

在例 10.7 的基础上，添加测试代码如下。

Example_quicksort_1\QuickSort.java

排序前：21   75   41   10   4   50   31   26   1
排序后：1   4   10   21   26   31   41   50   75

顾名思义，快速排序的效率很高，但快速排序实现的时候往往需要额外的空间来存储中间比较

过程产生的数据。在实际开发过程中，如果排序的数据量较大，同时对空间复杂度不太注重，则可以考虑使用快速排序来实现。

10.2.6　归并排序法

归并排序是利用"分治"的思想实现的。它是指对于一组给定的数据，利用递归和分治技术将数据序列划分为越来越小的子序列，直到子序列不能再被划分为止，然后对子序列进行排序，最后把排序好的子序列合并为有序序列。

假设要排序的序列为：21、75、41、10、4、50、31、26、1。

第 1 步：划分子序列。

① 第 1.1 步：定义 left 指向序列开始位置（索引为 0 的元素），right 指向序列结束位置（索引为 8 的元素），然后让 mid 指向 left 和 right 的中间位置（middle=(start+end)/2，即索引为 4 的元素），如图 10.33 所示。

② 第 1.2 步：把原序列划分为左右两部分，假设左边部分是(left, mid)、右边部分是(mid+1, right)，如图 10.34 所示。

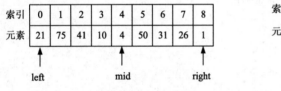
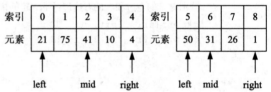

图 10.33　归并排序第 1.1 步　　　　　　　　　图 10.34　归并排序第 1.2 步

③ 第 1.3 步：继续划分，把左右两部分划分为 4 个部分，如图 10.35 所示。

④ 第 1.4 步：对于最左边的部分，可以继续划分，如图 10.36 所示。

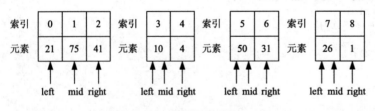
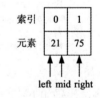

图 10.35　归并排序第 1.3 步　　　　　　　　　图 10.36　归并排序第 1.4 步

第 2 步：现在所有的子序列都不能再被划分了，此时进行归并。

① 第 2.1 步：首先对索引为 0-1 的序列进行排序，并与索引 2 的元素进行归并，如图 10.37 所示。

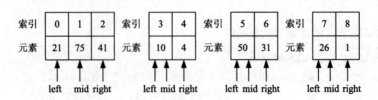

图 10.37　归并排序第 2.1 步

② 第2.2步：在这一层，可以把索引为0-2、3-4、5-6、7-8的序列分别进行排序，并把0-2序列和3-4序列进行归并；把5-6序列和7-8序列进行归并，如图10.38所示。

③ 第2.3步：在这一层，可以把索引为0-4、5-8的序列进行排序，并进行归并，如图10.39所示。

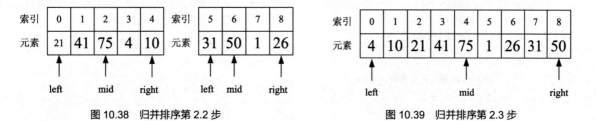

图10.38 归并排序第2.2步　　　　图10.39 归并排序第2.3步

第2.4步：最后，再对总的序列进行排序，如图10.40所示。

图10.40 归并排序第2.4步

具体可参考例10.8。

【例10.8】实现归并排序法，代码如下：

Example_mergesort_1\MergeSort.java

```java
public class MergeSort {
    /**
     * 归并排序
     * arr 为待排序的数组
     * left 为排序位置左边元素的索引
     * right 为排序位置右边元素的索引
     */
    private static void mergeSort(int[] arr, int left, int right) {
        if(left < right) {
            int mid = (left + right) / 2;
            mergeSort(arr, left, mid); // 左边归并排序，使得左子序列有序
            mergeSort(arr, mid + 1, right); // 右边归并排序，使得右子序列有序
            merge(arr, left, mid, right); // 合并两个子序列
        }
    }

    /**
     * 归并数据
     * arr 为待排序的数组
     * left 为归并操作的左边位置
     * mid 为归并操作的中间位置
     * right 为归并操作的右边位置
     */
    private static void merge(int[] arr, int left, int mid, int right) {
        int[] temp = new int[right - left + 1];
```

```java
            int i = left;
            int j = mid + 1;
            int k = 0;
            while(i <= mid && j <= right) {
                if (arr[i] < arr[j]) {
                    temp[k++] = arr[i++];
                } else {
                    temp[k++] = arr[j++];
                }
            }
            // 将左序列剩余元素填充进 temp
            while (i <= mid) {
                temp[k++] = arr[i++];
            }
            // 将右序列剩余元素填充进 temp
            while (j <= right) {
                temp[k++] = arr[j++];
            }
            // 将 temp 中的元素全部复制到原数组
            for (int k2 = 0; k2 < temp.length; k2++) {
                arr[k2 + left] = temp[k2];
            }
        }

        /**
         * 数组转字符串
         * arr 为输入的整型数组
         * 返回转换后的字符串
         */
        private static String arrayToString(int[] arr) {
            StringBuilder str = new StringBuilder("");
            for (int value : arr) {
                str.append(value + "\t");
            }
            return str.toString();
        }
    }
```

在例 10.8 的基础上，添加测试代码如下。

Example_mergesort_1\MergeSort.java

```java
public static void main(String[] args) {
    int[] arr = {21, 75, 41, 10, 4, 50, 31, 26, 1};
    System.out.println("排序前: " + arrayToString(arr));
    mergeSort(arr, 0, arr.length - 1);
    System.out.println("排序后: " + arrayToString(arr));
}
```

运行程序，输出结果如下：

```
排序前: 21    75    41    10    4    50    31    26    1
排序后: 1    4    10    21    26    31    41    50    75
```

与快速排序相比，归并排序不需要额外的存储空间，但是当数据量较大的时候，归并排序的合并操作花费的时间越来越多。所以当数据量不大的时候，推荐使用归并排序。

10.2.7 堆排序法

堆排序的思想可以参考堆的相关内容。首先，将无序序列抽象为一棵二叉树，并构建堆。然后，依次将根节点元素与无序序列的最后一个元素进行交互。接着把排序好的数据从二叉树中"剥离"出来，再依次进行上述操作，即可完成堆排序。

在 9.6 节中可知，堆一般分为最大堆和最小堆。

每个节点的值都大于或等于其左、右孩子节点的值的堆称为最大堆，如图 10.41 所示。

每个节点的值都小于或等于其左、右孩子节点的值的堆称为最小堆，如图 10.42 所示。

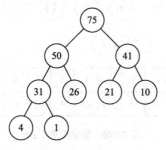
图 10.41 最大堆

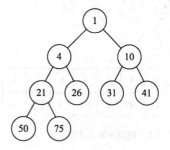
图 10.42 最小堆

现在，将待排序序列构建成一个最大堆，此时，整个序列的最大值就是堆顶的根节点的值。将其与末尾元素的值进行交换，此时末尾元素的值就为最大值。然后将剩余 $n-1$ 个元素重新构建成一个堆，这样会得到 n 个元素的次小值。如此反复执行，便能得到一个有序序列。

因此，升序排序需要构建最大堆，降序排序则需要构建最小堆。因为我们的例子都是进行升序排序，因此需要构建最大堆。

假设要排序的序列为：21、75、41、10、4、50、31、26、1。

首先按照待排序序列的初始顺序，构建二叉树，作为堆排序的初始状态，如图 10.43 所示。

第 1 步：从最后一个非叶子节点的元素（arr.length / 2-1 = 3，即索引 3 所在的节点的元素 10）开始，如图 10.44 所示。

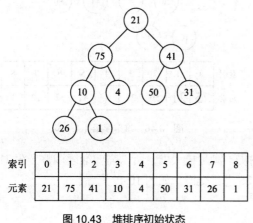
图 10.43 堆排序初始状态

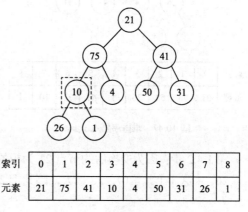
图 10.44 堆排序第 1 步

① 第 1.1 步：第 1 个非叶子节点的元素是 10。把以该节点为根的子树调整为最大堆。由于在 10、26、1 这 3 个元素中，26 最大，因此把 10 与 26 进行交换，如图 10.45 所示。

② 第 1.2 步：图 10.45 中的下一个非叶子节点的元素是 41。把以该节点为根的子树调整为最大堆。由于在 41、50、31 这 3 个元素中，50 最大，因此把 41 与 50 进行交换，如图 10.46 所示。

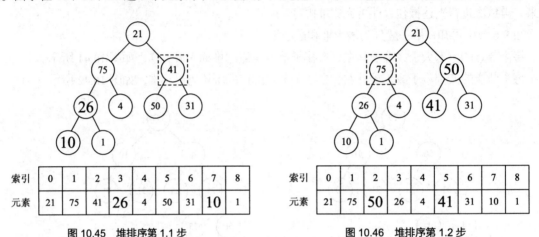

图 10.45　堆排序第 1.1 步　　　　　　　图 10.46　堆排序第 1.2 步

③ 第 1.3 步：图 10.46 中的下一个非叶子节点的元素是 75。把以该节点为根的子树调整为最大堆。由于在 75、26、4 这 3 个元素中，75 最大，所以无须交换，如图 10.47 所示。

④ 第 1.4 步：图 10.47 中的下一个非叶子节点的元素是 21，把以该节点为根的子树调整为最大堆。

- 第 1.4.1 步：在 21、75、50 这 3 个元素中，75 最大，因此把 21 与 75 进行交换，如图 10.48 所示。

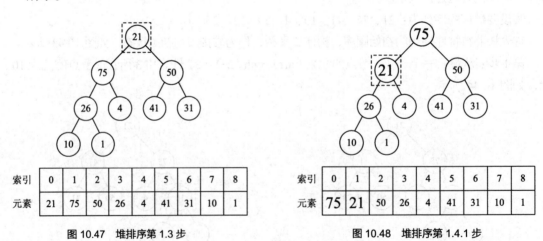

图 10.47　堆排序第 1.3 步　　　　　　　图 10.48　堆排序第 1.4.1 步

- 第 1.4.2 步：因为交换后的节点 21 为根的子树仍不满足最大堆，所以需要继续调整。在 21、26、4 这 3 个元素中，26 最大，因此把 21 与 26 进行交换，如图 10.49 所示。

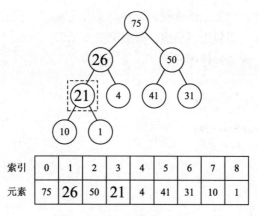

图 10.49　堆排序第 1.4.2 步

- 第 1.4.3 步：现在看交换后的节点 21 为根的子树。在 21、10、1 这 3 个元素中，21 最大，所以这里无须交换，如图 10.50 所示。

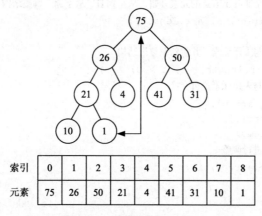

图 10.50　堆排序第 1.4.3 步

此时，我们就把一个无序序列构建成了一个最大堆。

⑤ 第 1.5 步：接下来，将堆顶元素与末尾元素进行交换，使末尾元素值最大，此时得到值最大的元素 75，并让该元素脱离堆，如图 10.51 所示。

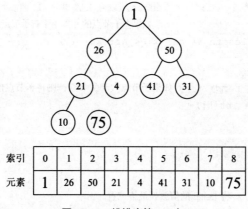

图 10.51　堆排序第 1.5 步

第 2 步：在余下的堆中，重复上述步骤，得到第二大元素。

第 3 步：在余下的堆中，重复上述步骤，得到第三大元素。

如此反复。直到所有的元素都排序好。

具体可参考例 10.9。

【例 10.9】实现堆排序法，代码如下：

Example_heapsort_1\HeapSort.java

```java
public class HeapSort {

    /**
     * 堆排序
     * arr 为待排序的数组
     */
    private static void heapSort(int[] arr) {
        // 构建最大堆
        for(int i = arr.length / 2 - 1; i >= 0; i--) {
            // 从最后一个非叶子节点的元素开始，从左到右、从下到上调整结构
            adjustHeap(arr, i, arr.length);
        }
        // 交换堆顶元素与末尾元素，并重新调整堆结构
        for(int i = arr.length - 1; i > 0; i--) {
            // 堆顶元素与末尾元素进行交换
            int temp = arr[0];
            arr[0] = arr[i];
            arr[i] = temp;
            // 重新对堆进行调整
            adjustHeap(arr, 0, i);
        }
    }

    /**
     * 以索引为 i 的元素为参考物调整序列的结构，使序列前 length 个元素维持最大堆的状态
     */
    public static void adjustHeap(int []arr,int i,int length){
        int temp = arr[i];// 先取出当前元素 i
                         // 从索引为 i 的元素的左子节点开始，即从所谓 2i+1 的元素开始
        for(int k = i * 2 + 1; k < length; k = k * 2 + 1) {
                         // 如果左子节点的元素小于右子节点的元素，则 k 指向右子节点的索引
            if(k + 1 < length && arr[k] < arr[k + 1]) {
                k++;
            }
            if(arr[k] > temp) { // 如果子节点大于父节点，则将子节点值赋给父节点（不用进行交换）
                arr[i] = arr[k];
                i = k;
            } else {
                break;
            }
        }
        arr[i] = temp;// 将 temp 的值放到最终位置
    }
```

```java
/**
 * 数组转字符串
 * arr 为输入的整型数组
 * 返回转换后的字符串
 */
private static String arrayToString(int[] arr) {
    StringBuilder str = new StringBuilder("");
    for (int value : arr) {
        str.append(value + "\t");
    }
    return str.toString();
}
```

在例 10.9 的基础上，添加测试代码如下。

Example_heapsort_1\HeapSort.java：

```java
public static void main(String[] args) {
    int[] arr = {21, 75, 41, 10, 4, 50, 31, 26, 1};
    System.out.println("排序前: " + arrayToString(arr));
    heapSort(arr);
    System.out.println("排序后: " + arrayToString(arr));
}
```

运行程序，输出结果如下：

排序前：21　　75　　41　　10　　4　　50　　31　　26　　1
排序后：1　　4　　10　　21　　26　　31　　41　　50　　75

与快速排序和归并排序相比，堆排序所需要的额外内存空间更少，可以优先考虑使用。不过对初学者来说，堆排序的实现过程可能过于复杂，需慎用。

10.2.8　排序算法的衡量指标

前文列出的排序算法，理论上都是可行的，那么在实际情况中，我们到底应该选择哪种排序算法呢？这就需要判断各排序算法在实际情况中是否适合使用。

评价排序算法，可以从以下几个方面考虑。

① 时间复杂度：指从排序的序列初始状态经过排序操作到最终排序好的结果状态所需的时间度量。

② 空间复杂度：指从排序的序列初始状态经过排序操作到最终排序好的结果状态所需的空间开销。

③ 稳定性：指当两个相同的元素同时出现在某个序列中的时候，经过一定的排序后，两者在排序前后相对位置不发生变化。如果能达到这个标准，则该算法是稳定的，否则该算法是不稳定的。

前文介绍的几种排序算法的时间复杂度、空间复杂度、稳定性比较如表 10.1 所示。

表 10.1　　　　　排序算法的时间复杂度、空间复杂度、稳定性比较

排序算法	时间复杂度	空间复杂度	稳定性
冒泡排序	$O(N^2)$	$O(1)$	稳定
选择排序	$O(N^2)$	$O(1)$	不稳定
插入排序	$O(N^2)$	$O(1)$	稳定
希尔排序	$O(N^{3/2})$	$O(1)$	不稳定
快速排序	$O(N\times \log N)$	$O(\log N)$	不稳定
归并排序	$O(N\times \log N)$	$O(N)$	稳定
堆排序	$O(N\times \log N)$	$O(1)$	不稳定

10.3　递归算法

程序调用自身的编程技巧称为递归。在程序设计语言中,经常会用到递归算法,它通常把一个大型复杂的问题转化为一个相似的但规模较小的问题来解决。基于递归算法,只需要少量的程序就可以描述出解决问题过程中存在的大量的重复运算,从而大大地减少程序的代码量。

一般来说,使用递归算法解决问题有两个重要的方面:一是找到退出递归的边界条件;二是当边界条件不满足的时候,找到进入下一层递归的方法。

"递归问题"中较常见的例子就是求一个正整数的阶乘。一个正整数的阶乘是指所有小于等于该数的正整数的乘积,通常记为 $n!$,另外,$0!=1$。

例如:$6!=6\times 5\times 4\times 3\times 2\times 1=720$。

按照递归问题的求解思路,主要步骤如下。

① 找到退出递归的边界条件。当 $n=0$ 时,$n!=1$。

② 找到进入下一层递归的方法。当 $n>0$ 时,$n!=n\times (n-1)!$。

根据上面的思路,编写如下代码,见例 10.10。

【例 10.10】用递归算法计算阶乘,代码如下:

Example_recursion_1\Factorial.java

```java
public class Factorial {

    /**
     * 计算阶乘的递归方法
     */
    public static long factorial(int n) throws Exception {
        // 找到退出递归的边界条件
        if(n < 0) {
            throw new Exception("负数没有阶乘值");
        } else if(n == 0) {
            return 1;
        }
        // 找到进入下一层递归的方法
        return factorial(n - 1) * n;
    }
}
```

在例 10.10 的基础上，添加测试代码如下。

Example_recursion_1\Factorial.java
```java
public static void main(String[] args) throws Exception {
    for (int i = 0; i < 10; i++) {
        long result = factorial(i);
        System.out.println(i + "的阶乘为: " + result);
    }
}
```

运行程序，输出结果如下：

```
0 的阶乘为: 1
1 的阶乘为: 1
2 的阶乘为: 2
3 的阶乘为: 6
4 的阶乘为: 24
5 的阶乘为: 120
6 的阶乘为: 720
7 的阶乘为: 5040
8 的阶乘为: 40320
9 的阶乘为: 362880
```

递归问题的另一个常见的例子是求斐波那契数列。

斐波那契数列的前两个数是 0 和 1，从第 3 个数开始，每个数都等于其前两个数之和。该数列为：0、1、1、2、3、5、8、13、21…

按照递归问题的求解思路，主要步骤如下。

① 找到退出递归的边界条件。当 n=1 时，fibo(1)=0；当 n=2 时，fibo(2)=1。

② 找到进入下一层递归的方法。当 n>2 时，fibo(n)=fibo(n-1)+fibo(n-2)。

根据上面的思路，编写如下代码，见例 10.11。

【例 10.11】用递归算法计算斐波那契数列，代码如下：

Example_recursion_2\Fibonacci.java
```java
public class Fibonacci {

    /**
     * 计算斐波那契数列第 n 项的值
     */
    public static long fibo(int n) throws Exception {
        // 找到退出递归的边界条件
        if(n <= 0) {
            throw new Exception("负数和0没有意义");
        } else if(n == 1) {
            return 0;
        }else if (n==2){
            return 1;
        }
        // 找到进入下一层递归的方法
        return fibo(n - 1) + fibo(n - 2);
    }
```

}
```

在例 10.11 的基础上，添加测试代码如下。

Example_recursion_2\Fibonacci.java
```java
public static void main(String[] args) throws Exception {
    System.out.println("斐波那契数列前 20 项为: ");
    for (int i = 1; i <= 20; i++) {
        long result = fibo(i);
        System.out.println("第" + i + "项为: " + result);
    }
}
```

运行程序，输出结果如下：

斐波那契数列前 20 项为：
第 1 项为：0
第 2 项为：1
第 3 项为：1
第 4 项为：2
第 5 项为：3
第 6 项为：5
第 7 项为：8
第 8 项为：13
第 9 项为：21
第 10 项为：34
第 11 项为：55
第 12 项为：89
第 13 项为：144
第 14 项为：233
第 15 项为：377
第 16 项为：610
第 17 项为：987
第 18 项为：1597
第 19 项为：2584
第 20 项为：4181

从前面两个例子可以看出，递归算法实现的代码比较简单。但实际上当程序运行后，递归方法需要被多次频繁调用。在方法调用时，系统需要创建独立的内存空间存放变量并进行运算；在方法退出时，对应的内存空间就会被释放。多次的方法调用会造成内存空间的不断创建和释放，这样程序运行的效率是非常低的。如果由于编程错误导致递归的时候找不到退出的边界条件，还可能会造成"死机"的现象，因此要慎用递归算法。

10.4 习　　题

一、选择题

1. 能进行二分查找的线性表，一定是（　　）。

   A. 按顺序方式存储，且元素按关键字分块有序
```

B. 按顺序方式存储，且元素按关键字分块有序

C. 按链式方式存储，且元素按关键字有序

D. 按顺序方式存储，且元素按关键字有序

2. 下面程序输出的结果是（　　）。
```java
public class Test {
    public int sumNumber(int i) {
        int sum = i;
        boolean num= i > 0 && (sum += sumNumber(i - 1)) > 0;
        return sum;
    }
    public static void main(String[] args) {
        Test t = new Test();
        System.out.println(t.sumNumber(5));
    }
}
```
  A. 5　　　　　　B. 10　　　　　　C. 15　　　　　　D. 30

3. 下面程序输出的结果是（　　）。
```java
public class Test {
    public static void main(String args[]) {
        int num, i;
        for (num = 2; num <= 10; num++) {
            for (i = 2; i <= num / 2; i++) {
                if (num % i == 0) {
                    break;
                }
            }
            if (i > num / 2) {
                System.out.println(num);
            }
        }
    }
}
```
  A. 2,3,5,7　　　　B. 2,4,6,8　　　　C. 2,5,8,10　　　　D. 2,3,4,5

二、填空题

1. 下面程序中，要求输出 9×9 的乘法表，则空白处要填写的代码为 _____ 、_____。
```java
public class Test {
    public static void main(String[] args) {
        int i = 0;
        int j = 0;
        for (_____) {
            for (_____) {
                System.out.print(i + "*" + j + "=" + i * j + " ");
            }
            System.out.println();
        }
    }
}
```

2. 下面程序中，要求通过递归算法计算 6! 的值，则空白处要填写的代码为 _____ 、_____。
```java
public class Test {
    public static void main(String[] args) {
```

```
            System.out.println(values(6));
        }
        public static int values(int i) {
            if (i == 1) {
                return _____;
            } else {
                return _____;
            }
        }
    }
```

三、编程题

1. 通过终端输入两个正整数 a 和 b，计算它们的最小公倍数和最大公约数。

2. 输入 5 个整型的链表数据并从小到大排序，如输入的整型链表数据为 5,1,3,2,4，则输出的按从小到大排序的整型链表为 1,2,3,4,5，效果如下。

   输入整型链表数据：5 1 3 2 4
   输出从小到大排序后的整型链表：1 2 3 4 5

3. 定义一个字符串，输出该字符串的所有可能出现的排序情况，如定义的字符串为"广州市"，则输出所有的排列情况，效果如下。

   广州市,广市州,州广市,州市广,市州广,市广州,

4. 输入一个链表，使用递归算法输出从链表尾部到头部每个节点的数值。

5. 使用递归算法实现二分查找。

6. 使用递归算法实现快速排序。

7. 使用递归算法实现冒泡排序。

第4篇

实 战 篇

第11章 项目开发与实现——五子棋程序

学习目标

掌握基本软件开发流程。

根据需求建立面向对象模型；分析场景中需要包含哪些类，并建立类与类之间的关系。

根据实际场景绘制流程图，并根据流程图写出对应代码。

本章结合前面所讲的内容，介绍如何实现一个简单的项目：五子棋程序。

11.1 游戏说明

相信大部分读者都下过五子棋，并且熟悉游戏规则，但为了接下来项目介绍方便，这里还是简单介绍一下规则，并对编程时的一些要点进行简单的说明。

11.1.1 游戏规则

五子棋有如下游戏规则。

① 棋盘规格为 15 行 15 列，组成 225 个交叉点。

② 空棋盘开局，执黑棋方先下，执白棋方后下，双方轮流下棋，每次只能下一颗棋子。

③ 棋子下在棋盘的交叉点上，不能下在四方框中。棋子下定后，不能移动，不到终局不能移开。

④ 当 5 颗相同颜色的棋子连成一条直线（横、竖、斜线均可）时，即宣布某方获胜；当棋盘所有交叉点都下满棋子，仍旧无法分出胜负时，即和棋。

11.1.2 编程注意事项

我们必须对棋盘上的每个交叉点设定一个具体的二维坐标，来指示棋子摆放的位置。在计算机的逻辑中，开始位置的坐标应该是(0,0)，但在人类的逻辑中，开始位置的坐标是(1,1)。因此我们要对它们做简单的调整。方法有以下两种。

方法一：可以把每个二维坐标的 x、y 值都加上 1 来标记棋盘坐标。

方法二：直接忽略 $x=0$ 行的点和 $y=0$ 列的点。即(0, 0)~(0, 15)和(0, 0)~(15, 0)。对计算机来说，一般是把左上角的坐标定义为开始坐标，考虑到用户在终端输入 3,b 字样的时候一般是表示第 3 行第 2 列，我们需要指定纵向为 x 轴，从上到下 x 增加；横向为 y 轴，从左到右 y 增加。我们在五子棋程序中也以这样的规则为棋盘定义坐标。左上角的棋盘坐标为(1, 1)，右上角坐标为(1, 15)，左下角坐标为(15, 1)，右下角坐标为(15, 15)。

判断棋局胜利的条件是 5 颗相同颜色的棋子连在一起，但考虑到特殊的情况：有可能下完一颗棋子后，有 9 颗相同颜色的棋子会连在一起，如图 11.1 所示。

图 11.1　9 颗相同颜色的棋子连在一起

因此从原则上来说，如果要判断水平方向上的胜利条件，则要判断刚下的棋子的位置及其往两边各偏移 4 个坐标（共 9 个坐标）中，是否有连续 5 颗相同颜色的棋子相连。

可连成 5 颗相同颜色的棋子的方向共有水平、垂直、左上右下斜、左下右上斜 4 个方向。因此当下棋子的时候，要判断该棋子的这 4 个方向是否连成 5 颗相同颜色的棋子。假设下的某颗棋子的坐标为(x,y)，则需判断的内容如下。

① 水平方向：判断$(x, y-4)$、$(x, y-3)$、$(x, y-2)$、$(x, y-1)$、(x, y)、$(x, y+1)$、$(x, y+2)$、$(x, y+3)$、$(x, y+4)$这 9 个坐标中是否有连续 5 颗棋子颜色相同。

② 垂直方向：判断$(x-4, y)$、$(x-3, y)$、$(x-2, y)$、$(x-1, y)$、(x, y)、$(x+1, y)$、$(x+2, y)$、$(x+3, y)$、$(x+4, y)$这 9 个坐标中是否有连续 5 颗棋子颜色相同。

③ 斜（左上右下）方向：判断$(x-4, y-4)$、$(x-3, y-3)$、$(x-2, y-2)$、$(x-1, y-1)$、(x, y)、$(x+1, y+1)$、$(x+2, y+2)$、$(x+3, y+3)$、$(x+4, y+4)$这 9 个坐标中是否有连续 5 颗棋子颜色相同。

④ 斜（左下右上）方向：判断$(x+4, y-4)$、$(x+3, y-3)$、$(x+2, y-2)$、$(x+1, y-1)$、(x, y)、$(x-1, y+1)$、$(x-2, y+2)$、$(x-3, y+3)$、$(x-4, y+4)$这 9 个坐标中是否有连续 5 颗棋子颜色相同。

11.1.3　计算机下棋的策略

在人机对弈的时候，计算机如何选择下棋的位置，是人工智能领域中一个很有趣的研究方向，同时这在逻辑方面也非常复杂。这里我们可以定一个简单的下棋策略：随机找个空位下。读者如果对此有兴趣，可以自己尝试设定计算机下棋的策略。

11.2　建立模型

我们共建立 ChessMan（棋子）、ChessBoard（棋盘）、Engine（游戏引擎）3 个类，分别包含如下的属性与方法。

1. 棋子类 ChessMan

该类包含以下属性和方法。

① 属性定义如下。

- char chessColor：棋子的颜色。
- int posX、int posY：棋子在棋盘上的坐标。

② 方法定义如下。

- char getChessColor()：读取棋子的颜色。
- setChessColor(char chessColor)：设置棋子的颜色。

- int[] getPos()：读取棋子的坐标。
- setPos(int posX, int posY)：设置棋子在棋盘上的坐标。

2. **棋盘类 ChessBoard**

该类包含以下属性和方法。
① 属性定义如下。

char[][] board：棋盘上各个坐标点的状态。
② 方法定义如下。

- ChessBoard()：构造器，用于创建 board 对象。
- initBoard()：初始化棋盘（把所有坐标上的棋子清空）。
- printBoard()：输出棋盘。
- boolean setChess(int x, int y, char chessColor)：在对应坐标上放置棋子。
- boolean setChess(ChessMan chessMan)：把 chessMan 对象放到棋盘上。
- char getChess(int x, int y)：获取对应坐标上的棋子。
- boolean isEmpty(int x, int y)：判断对应坐标上是否没有棋子。

3. **游戏引擎类 Engine**

该类包含以下属性和方法。
① 属性定义如下。

ChessBoard board：棋盘对象。
② 方法定义如下。

- Engine(ChessBoard board)：构造器，用于传入 board 对象。
- void computerGo(ChessMan chessMan)：计算机下棋，计算生成的坐标存入 chessMan 对象。
- boolean parseUserInputStr(String inputStr, ChessMan chessMan)：用户下棋，分析用户在终端输入的下棋坐标字符串，提取其中的坐标信息将获得的坐标存入 chessMan 对象。
- boolean isWon(int posX, int posY, char color)：赢棋判断，判断在指定坐标上放上指定颜色的棋子是否满足赢棋的条件。

11.3 输出棋盘

首先输出棋盘。按如下步骤操作，代码见例 11.1。
① 定义一个棋盘类 ChessBoard，类中定义指定的属性。

【例 11.1】实现输出棋盘的功能，代码如下：

Example_gobang_1\ChessBoard.java
```
public class ChessBoard {
    public static final int BOARD_SIZE = 15; // 棋盘的宽度
    private char[][] board; // 棋盘上棋子的状况
}
```

② 实现构造器，在构造器中对 board 属性进行内存分配。
在例 11.1 的基础上，给 ChessBoard 类添加构造器如下。

Example_gobang_1\ChessBoard.java

```java
// 构造器
public ChessBoard() {
    // 创建board对象
    board = new char[BOARD_SIZE+1][BOARD_SIZE+1];
}
```

③ 实现方法 initBoard()，在方法中对属性 board 进行初始化，把所有空格设置为+。

在例 11.1 的基础上，给 ChessBoard 类添加 initBoard()方法如下。

Example_gobang_1\ChessBoard.java

```java
// 初始化棋盘（把所有空格设置为+）
public void initBoard() {
    for(int i = 1; i <= BOARD_SIZE; i++) {
        for(int j = 1; j <= BOARD_SIZE; j++) {
            board[i][j] = '+';
        }
    }
}
```

④ 实现方法 printBoard()，在终端输出棋盘。

在例 11.1 的基础上，给 ChessBoard 类添加 printBoard()方法如下。

Example_gobang_1\ChessBoard.java

```java
// 输出棋盘
public void printBoard() {
    // 输出开头的空格
    System.out.print("  ");
    // 输出列号
    for(int i = 1; i <= BOARD_SIZE; i++) {
        char c = (char)('a'-1+i);
        System.out.print(c);
    }
    System.out.println();
    // 输出棋盘
    for(int i = 1; i <= BOARD_SIZE; i++) {
        // 1~9行的行号前要多添加一个空格
        if(i < 10) {
            System.out.print(" ");
        }
        // 显示行号
        System.out.print(i);
        // 输出一行
        for(int j = 1; j <= BOARD_SIZE; j++) {
            System.out.print(board[i][j]);
        }
        System.out.println();
    }
}
```

⑤ 实现输出棋盘的测试代码。

在例 11.1 的基础上，添加测试代码如下。

Example_gobang_1\Test.java

```java
public class Test {
```

```java
        // 测试输出棋盘
        public static void test1() {
            ChessBoard board = new ChessBoard();
            board.initBoard();
            board.printBoard();
        }
        public static void main(String[] args) {
            test1();
        }
}
```

运行程序，输出结果如下：

```
  abcdefghijklmno
 1+++++++++++++++
 2+++++++++++++++
 3+++++++++++++++
 4+++++++++++++++
 5+++++++++++++++
 6+++++++++++++++
 7+++++++++++++++
 8+++++++++++++++
 9+++++++++++++++
10+++++++++++++++
11+++++++++++++++
12+++++++++++++++
13+++++++++++++++
14+++++++++++++++
15+++++++++++++++
```

至此，一个空的棋盘就顺利输出了。

11.4 放置棋子

接下来，考虑如何在棋盘上放置棋子。按如下步骤操作，代码见例 11.2。

1. **通过坐标和颜色在棋盘上放置棋子**

① 在 ChessBoard 类中，添加一个方法，用于在指定坐标上放置指定颜色的棋子。

【例 11.2】实现在棋盘上放置棋子的功能，代码如下：

Example_gobang_2\ChessBoard.java

```java
// 在棋盘上放置棋子
// 参数 x 和 y 为棋子要放的坐标
// 参数 chessColor 为放置棋子的颜色
public boolean setChess(int x, int y,char chessColor) {
    if(x <= 0 || x > BOARD_SIZE) {
        return false;
    }
    if(y <= 0 || y > BOARD_SIZE) {
        return false;
    }
    board[x][y] = chessColor;
    return true;
}
```

② 实现通过坐标和颜色放置棋子的测试代码。

在例 11.2 的基础上，添加测试代码如下。

Example_gobang_2\Test.java
```java
public class Test {
    // 测试放置棋子方法1
    public static void test21() {
        ChessBoard board = new ChessBoard();
        board.initBoard();
        boolean ret = board.setChess(13,7, 'x');
        if(ret) {
            board.printBoard();
        }
    }

    public static void main(String[] args) {
        //test1();
        test21();
    }
}
```

运行程序，输出结果如下：
```
  abcdefghijklmno
 1+++++++++++++++
 2+++++++++++++++
 3+++++++++++++++
 4+++++++++++++++
 5+++++++++++++++
 6+++++++++++++++
 7+++++++++++++++
 8+++++++++++++++
 9+++++++++++++++
10+++++++++++++++
11+++++++++++++++
12+++++++++++++++
13++++++x++++++++
14+++++++++++++++
15+++++++++++++++
```

2. 通过棋子对象在棋盘上放置棋子

另外，我们也可以把棋子的坐标和颜色包装到 ChessMan 对象中，然后直接把 ChessMan 对象放置到棋盘上。

① 创建 ChessMan 类，描述棋子对象，并在该类中添加描述棋子坐标的属性 posX 和 posY，以及描述棋子颜色的属性 chessColor，再添加属性对应的 getter()和 setter()方法。

Example_gobang_2\ChessMan.java
```java
public class ChessMan {

    private int posX, posY; // 坐标
    private char chessColor; // 棋子颜色

    public ChessMan() {

    }

    public char getChessColor() {
```

```
        return chessColor;
    }

    public void setChessColor(char chessColor) {
        this.chessColor = chessColor;
    }

    public void setPos(int posX, int posY) {
        this.posX = posX;
        this.posY = posY;
    }

    public int[] getPos() {
        return new int[]{posX, posY};
    }
}
```

② 在 ChessBoard 类中,添加一个方法,用来把 ChessMan 对象放置到棋盘上。

在例 11.2 的基础上,添加 setChess() 的一个重载方法如下,参数为 ChessMan 对象。

Example_gobang_2\ChessBoard.java

```
// 放置棋子
// 参数 chessMan 对象中保存了棋子要放置的坐标和棋子的颜色
public boolean setChess(ChessMan chessMan) {
    int x = chessMan.getPos()[0];
    int y = chessMan.getPos()[1];
    char color = chessMan.getChessColor();
    return setChess(x, y, color);
}
```

③ 实现通过棋子对象在棋盘上放置棋子的测试代码。

在例 11.2 的基础上添加测试代码,如下。

Example_gobang_2\Test.java

```
// 测试放置棋子方法 2
public static void test22() {
    ChessBoard board = new ChessBoard();
    board.initBoard();
    ChessMan chessMan = new ChessMan();
    chessMan.setChessColor('x');
    chessMan.setPos(10, 9);
    boolean ret = board.setChess(chessMan);
    if(ret) {
        board.printBoard();
    }
}

public static void main(String[] args) {
    //test1();
    //test21();
    test21();
}
```

运行程序,输出结果如下:

```
  abcdefghijklmno
 1+++++++++++++++
 2+++++++++++++++
 3+++++++++++++++
 4+++++++++++++++
```

```
 5+++++++++++++++
 6+++++++++++++++
 7+++++++++++++++
 8+++++++++++++++
 9+++++++++++++++
10++++++++x++++++
11+++++++++++++++
12+++++++++++++++
13+++++++++++++++
14+++++++++++++++
15+++++++++++++++
```

至此，在棋盘上放置棋子的功能就实现了。

3. 通过坐标读取棋子

另外，我们还需要实现通过坐标读取棋子的代码，和判断棋盘上某个坐标点是否为空的代码，这在后文介绍的功能中需要用到。

① 在 ChessBoard 类中，添加一个方法，根据坐标读取对应位置的棋子。

在例 11.2 的基础上，给 ChessBoard 类添加 getChess()方法如下。

Example_gobang_2\ChessBoard.java

```java
// 根据坐标读取对应位置的棋子
public char getChess(int x, int y) {
    return board[x][y];
}
```

② 在 ChessBoard 类中，添加一个方法，用于判断某个坐标点是否为空。

在例 11.2 的基础上，给 ChessBoard 类添加 isEmpty()方法如下。

Example_gobang_2\ChessBoard.java

```java
// 判断某个坐标点是否为空
public boolean isEmpty(int x, int y) {
    if(board[x][y] == 'x' || board[x][y] == 'o') {
        return false;
    }
    return true;
}
```

③ 实现根据坐标读取棋子的测试代码。

在例 11.2 的基础上，添加测试代码如下。

Example_gobang_2\Test.java

```java
// 测试读取棋子
public static void test23() {
    ChessBoard board = new ChessBoard();
    board.initBoard();
    board.setChess(3, 5, 'x');
    char chess = board.getChess(3, 5);
    System.out.println(chess);
    boolean ret = board.isEmpty(3, 5);
    if(ret) {
        System.out.println("empty");
    } else {
        System.out.println("not empty");
    }
}
```

```
    public static void main(String[] args) {
        //test1();
        //test21();
        //test22();
        test23();
    }
```
运行程序，输出结果如下：
```
x
not empty
```

11.5　计算机下棋策略

接下来，考虑如何让计算机下棋。当然，目前的策略是"随便找个空位下"。按如下步骤操作，代码见例 11.3。

1. 创建 Engine 类

该类用于实现一些下棋策略的方法。

① 首先在 Engine 类中定义属性和构造器。

由于下棋策略类中需要包含棋盘对象，因此添加一个属性 board，并在构造器中初始化 board 属性。

【例 11.3】实现计算机下棋的功能，代码如下：

Example_gobang_3\Engine.java
```
public class Engine {
    // 棋盘对象
    private ChessBoard board;

    // 通过构造器初始化棋盘对象
    public Engine(ChessBoard board) {
        this.board = board;
    }
}
```

② 然后在 Engine 类中实现方法 computerGo()，该方法用于实现计算机下棋的策略。

在例 11.3 的基础上，给 Engine 类添加 ComputerGo()方法如下。

Example_gobang_3\Engine.java
```
// 计算机下棋的策略
public void computerGo(ChessMan chessMan) {
    // 目前是通过随机方式找到空位下棋，后续可以用人工智能等方式代替
    while (true) {
        // 生成随机数
        Random random = new Random();
        // 生成 x 和 y 坐标（值的范围都是 1~15）
        int x = random.nextInt(ChessBoard.BOARD_SIZE) + 1;
        int y = random.nextInt(ChessBoard.BOARD_SIZE) + 1;
        // 判断坐标点是否为空
        if (board.isEmpty(x, y)) {
            // 放置棋子（把 x 和 y 放入 chessMan 对象）
            chessMan.setPos(x, y);
            break;
```

                }
                // 注意：如果坐标点非空，则继续随机生成新的坐标
            }
        }

2. 实现计算机下棋的测试代码

在例 11.3 的基础上，添加测试代码如下。

Example_gobang_3\Test.java

```java
// 测试计算机下棋
public static void test3() {
    ChessBoard board = new ChessBoard();
    board.initBoard();
    Engine engine = new Engine(board);
    ChessMan chessMan = new ChessMan();
    // 注意：一般游戏开始时就需决定双方的棋子颜色
    chessMan.setChessColor('o');
    engine.computerGo(chessMan);
    board.setChess(chessMan);
    board.printBoard();
}

public static void main(String[] args) {
    //test1();
    //test21();
    //test22();
    //test23();
    test3();
}
```

运行程序，输出结果如下：

```
  abcdefghijklmno
 1+++++++++++++++
 2+++++++++++++++
 3+++++++++++++++
 4+++++++++++++++
 5+++++++++++++++
 6+++++++++++++++
 7+++++++++++++++
 8+++++++++++++++
 9+++++++++++++++
10+++++++++++++++
11++++o++++++++++
12+++++++++++++++
13+++++++++++++++
14+++++++++++++++
15+++++++++++++++
```

至此，计算机下棋的功能就实现了。

注意：每次运行的结果都不一样，说明计算机下棋是随机的。

11.6 读取用户下棋的坐标

接下来，考虑让用户在终端输入下棋的坐标，程序进行解释并在棋盘上对应坐标放置棋子。按如下步骤操作，代码见例 11.4。

① 在 Engine 类中实现方法 parseUserInputStr()，该方法用于实现分析用户输入的字符串，并解释下棋的坐标。

【例 11.4】实现读取用户下棋的位置的功能，代码如下：

Example_gobang_4\Engine.java

```java
// 用户下棋
public boolean parseUserInputStr(String inputStr, ChessMan chessMan) {
    // 1.确保用户输入的字符串的格式是正确的（经验丰富者建议使用正则表达式）
    //（1）字符串中必须有且仅有一个","，且","前后不能为空
    String[] strs = inputStr.split(",");
    //（2）","前面的子串必须为 0~9 的字符，且转换成整数后对应数值范围不能越过棋盘坐标的边界
    int x = 0;
    try {
        x = Integer.parseInt(strs[0]);
    } catch (Exception e) {
        return false;
    }
    if (x <= 0 || x > ChessBoard.BOARD_SIZE) {
        return false;
    }
    if (strs[1].length() > 1) {
        return false;
    }
    //（3）","后面的子串必须为 a~o 的字符
    // 2.把后面的子串转换成数值（1~15）
    char ch = strs[1].charAt(0);
    int y = ch - 'a' + 1;
    if (y <= 0 || y > ChessBoard.BOARD_SIZE) {
        return false;
    }
    // System.out.println(x + "," + y);
    // 3.确保对应的坐标点(x, y)上为空
    boolean ret = board.isEmpty(x, y);
    if (!ret) {
        return false;
    }
    // 4.在棋盘上放置棋子
    chessMan.setPos(x, y);
    return true;
}
```

② 实现用户下棋的测试代码。

Example_gobang_4\Test.java

```java
// 测试模拟用户下棋
public static void test4() {
    ChessBoard board = new ChessBoard();
    board.initBoard();
    Engine engine = new Engine(board);
    ChessMan chessMan = new ChessMan();
    chessMan.setChessColor('x');
    System.out.println("请输入下棋的坐标");
    Scanner scanner = new Scanner(System.in);
    String line = scanner.nextLine();
    boolean ret = engine.parseUserInputStr(line, chessMan);
    if(ret) {
        board.setChess(chessMan);
```

```
            board.printBoard();
        } else {
            System.out.println("输入坐标有误");
        }
    }

    public static void main(String[] args) {
        //test1();
        //test21();
        //test22();
        //test23();
        //test3();
        test4();
    }
```

运行程序，输出结果如下：
请输入下棋的坐标
3,a
　abcdefghijklmno
 1+++++++++++++++
 2+++++++++++++++
 3x++++++++++++++
 4+++++++++++++++
 5+++++++++++++++
 6+++++++++++++++
 7+++++++++++++++
 8+++++++++++++++
 9+++++++++++++++
10+++++++++++++++
11+++++++++++++++
12+++++++++++++++
13+++++++++++++++
14+++++++++++++++
15+++++++++++++++

至此，用户下棋的功能就实现了。

11.7 判断赢棋条件

接下来，考虑判断赢棋的条件。按如下步骤操作，代码见例 11.5。

① 在 Engine 类中，添加一个方法，用于判断是否赢棋。

【例 11.5】实现判断是否赢棋的功能，代码如下：

Example_gobang_5\Engine.java

```
// 赢棋判断
public boolean isWon(int posX, int posY, char color) {
    int count;
    // 1.判断水平方向是否有 5 颗棋子连在一起
    int startY = posY - 4;
    if (startY <= 0) {   // 如果 y-4<=0，则左边界从 1 开始
        startY = 1;
    }
    int endY = posY + 4;
    if (endY > ChessBoard.BOARD_SIZE) {   // 如果 y+4>15，则右边界到 15 为止
```

```
            endY = ChessBoard.BOARD_SIZE;
        }
        count = 0; // 初始化统计计数
        // 判断从(posX,startY)到(posX,endY)连续多个坐标中是否有 5 颗相同颜色的棋子连在一起
        for (int y = startY; y <= endY; y++) {
            if (board.getChess(posX, y) == color) {
                // 颜色相同，统计计数加 1
                count++;
                // 如果计数为 5，就可以直接返回 true
                if (count >= 5) {
                    return true;
                }
            } else {
                // 颜色不同，统计计数清零
                count = 0;
            }
        }

        // 2.判断垂直方向是否有 5 颗棋子连在一起（略）

        // 3.判断左上右下斜方向是否有 5 颗棋子连在一起（略）

        // 4.判断左下右上斜方向是否有 5 颗棋子连在一起（略）

        return false;
    }
```

② 实现判断赢棋功能的测试代码。

在例 11.5 的基础上，添加测试代码如下。

Example_gobang_5\Test.java

```
// 测试赢棋判断
public static void test5() {
    ChessBoard board = new ChessBoard();
    board.initBoard();
    board.setChess(3, 4, 'x');
    board.setChess(3, 5, 'x');
    board.setChess(3, 6, 'x');
    board.setChess(3, 7, 'x');
    board.setChess(3, 3, 'x');
    board.printBoard();
    Engine engine = new Engine(board);
    boolean ret = engine.isWon(3, 3, 'x');
    if(ret) {
      System.out.println("赢了");
    } else {
      System.out.println("没赢");
    }
}

public static void main(String[] args) {
    //test1();
    //test21();
    //test22();
    //test23();
    //test3();
    //test4();
    test5();
}
```

运行程序，输出结果如下：

```
  abcdefghijklmno
 1+++++++++++++++
 2+++++++++++++++
 3++xxxxx++++++++
 4+++++++++++++++
 5+++++++++++++++
 6+++++++++++++++
 7+++++++++++++++
 8+++++++++++++++
 9+++++++++++++++
10+++++++++++++++
11+++++++++++++++
12+++++++++++++++
13+++++++++++++++
14+++++++++++++++
15+++++++++++++++
```
赢了

注意：这里只实现水平方向上赢棋的判断，其他 3 个方向（垂直方向、左上右下斜方向、左下右上斜方向）的赢棋判断代码读者可自行实现。

11.8 程序主流程

最后，要实现程序的主流程，首先画出图 11.2 所示的流程图。

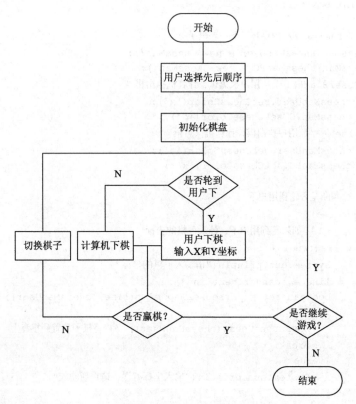

图 11.2 五子棋程序主流程的流程图

根据流程图实现代码，见例 11.6。

① 在 Engine 类中，添加 play()方法，实现主流程。

【例 11.6】实现五子棋程序的主流程，代码如下：

Example_gobang_6\Engine.java

```java
// 主流程
public void play() {
    boolean userBlack; // true 表示用户执黑棋，false 表示用户执白棋
    boolean userGo; // true 表示轮到用户下，false 表示轮到计算机下
    while (true) { // 外循环：一局游戏
        // 1.用户选择先后顺序
        System.out.println("请选择先后,b 表示执黑,w 表示执白");
        Scanner scanner = new Scanner(System.in);
        String line = scanner.nextLine();
        if(line.charAt(0) == 'b') {
            userBlack = true; // 用户执黑棋
            userGo = true; // 第一步是用户下
        } else {
            userBlack = false;
            userGo = false; // 第一步是计算机下
        }
        // 2.初始化棋盘
        board.initBoard();
        board.printBoard();
        while (true) { // 内循环：下一颗棋子
            ChessMan chessManUser = new ChessMan();
            ChessMan chessManPC = new ChessMan();
            if(userBlack){ // 用户执黑棋，计算机执白棋
                chessManUser.setChessColor('x');
                chessManPC.setChessColor('o');
            } else { // 用户执白棋，计算机执黑棋
                chessManUser.setChessColor('o');
                chessManPC.setChessColor('x');
            }
            // 3.判断是否轮到用户下
            if(userGo){
                // （1）如果轮到用户下，输入下棋的坐标
                while(true) {
                    System.out.println("请输入下棋的坐标");
                    line = scanner.nextLine();
                    boolean ret = parseUserInputStr(line, chessManUser);
                    if(ret) {
                        board.setChess(chessManUser); // 将棋子放置到棋盘上
                        break;
                    } else {
                        System.out.println("输入坐标有误，请重新输入");
                    }
                }
            } else {
                // （2）如果轮到计算机下，随机选择下棋坐标
                computerGo(chessManPC);
```

```
            int x = chessManPC.getPos()[0];
            int y = chessManPC.getPos()[1];
            System.out.println("计算机下:" + x + "," + y);
            board.setChess(chessManPC); // 将棋子放置到棋盘上
        }
        board.printBoard(); // 输出最新的棋盘
        // 4.判断是否赢棋
        int posX, posY;
        char color;
        if(userGo) {
            posX = chessManUser.getPos()[0];
            posY = chessManUser.getPos()[1];
            color = chessManUser.getChessColor();
            if(isWon(posX, posY, color)) {
                //（1）如果赢了，则退出内循环
                System.out.println("恭喜,赢了");
                break;
            }
        } else {
            posX = chessManPC.getPos()[0];
            posY = chessManPC.getPos()[1];
            color = chessManPC.getChessColor();
            if(isWon(posX, posY, color)) {
                //（2）如果输了，则退出内循环
                System.out.println("呵呵,输了");
                break;
            }
        }
        // 切换黑白
        userGo = !userGo;
    } // 内循环
    // 5.判断是否继续游戏
    System.out.println("是否继续?y/n");
    line = scanner.nextLine();
    if(line.charAt(0) != 'y') {
        // 如果退出游戏，则退出外循环
        break;
    }
} // 外循环
System.out.println("游戏结束");
}
```

② 在主流程中，创建 ChessBoard 对象和 Engine 对象，并调用 Engine 对象的 play()方法。在例 11.6 的基础上，添加进入 play()的入口代码如下。

Example_gobang_6\Test.java

```
// 主流程
public static void play() {
    ChessBoard board = new ChessBoard();
    Engine engine = new Engine(board);
    engine.play();
}
```

```
public static void main(String[] args) {
    //test1();
    //test21();
    //test22();
    //test23();
    //test3();
    //test4();
    //test5();
    play();
}
```

运行程序，即可实现简单的人机对弈功能，可简单地水平放置 5 颗棋子，效果如下：

```
请输入下棋的坐标
3,g
  abcdefghijklmno
 1+++++++o+++++++
 2+++++++++++++++
 3++xxxxx++++++++
 4++++++++++++o+++
 5+++++++++++++++
 6+++++++++++++++
 7+++++++++++++++
 8+++++++++++++++
 9+++++++++++++++
10+++++++++++++++
11+++++++++++++++
12+++++++++++++++
13+++++++++++++++
14+++++++++++o+++
15o++++++++++++++
恭喜，赢了
是否继续?y/n
```

至此，就完成了简单的五子棋程序的开发。